看懂自己的脆弱

冰千里——著

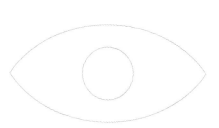

浙江大学出版社

图书在版编目（CIP）数据

看懂自己的脆弱 / 冰千里著. —杭州：浙江大学
出版社，2022.4
ISBN 978-7-308-22457-4

Ⅰ.①看… Ⅱ.①冰… Ⅲ.①成功心理－通俗读物
Ⅳ.①B848.4-49

中国版本图书馆CIP数据核字（2022）第048810号

看懂自己的脆弱

冰千里　著

策　　划	杭州蓝狮子文化创意股份有限公司	
责任编辑	张一弛	
责任校对	陈　欣	
封面设计	王梦珂	
出版发行	浙江大学出版社	
	（杭州天目山路148号　邮政编码：310007）	
	（网址：http://www.zjupress.com）	
排　　版	浙江时代出版服务有限公司	
印　　刷	杭州钱江彩色印务有限公司	
开　　本	880mm×1230mm　1/32	
印　　张	6.5	
字　　数	118千	
版 印 次	2022年4月第1版　2022年4月第1次印刷	
书　　号	ISBN 978-7-308-22457-4	
定　　价	58.00元	

自　序

　　中秋假期的第一天，雨下了一整宿，根本没有停的意思，起床后我准备去工作室，家人都不理解，女儿说昨天不是答应要陪她吗，心中顿生愧疚。然而也只有片刻犹豫，我还是拿了把伞，带着我的小黑狗出了家门。

　　走在每天经过的小树林，除了雨敲在伞上的噼啪声，别无其他声音，四周一个人影也没有。是啊，秋雨、假期、清晨，谁还不在家温暖地待着呢？我打开一首《清平调》，李白的诗句配上歌手低沉的嗓音，让这清晨更加忧伤沉静："云想衣裳花想容，春风拂槛露华浓。若非群玉山头见，会向瑶台月下逢……"听着听着，我愈发孤单了。雨下得更大了，小黑狗不停地抖着身子，脖子下的铃铛甩得叮铃响。路边的树叶和野草被冲刷得愈发绿了，那些秋天的月季倒也格外娇艳了，我在它们身边停下，用手轻轻拂去花瓣上的雨露，凉凉的气息瞬间穿透身体，我把伞收起来，与花儿、绿树、秋雨、小黑狗融在了一起……

无暇顾及门卫大爷诡异的眼神，我与小黑狗湿漉漉地进了电梯。到工作室拿块毛巾给小黑狗擦身体时，它十分感激地看着我。之后我快速冲了个澡，换下衣服，泡上龙井，走进书房，端详着书桌上的照片，这是我的重要摆件：一个双面旋转相框，一面放着我 6 岁时的照片，一面放着我几年前的照片，右下角有个小手伴，是电影《千与千寻》中的"无脸男"。

我看的正是那张 6 岁时的照片，白皙孱弱的我为了拍照脸上挤出假笑。他也在看着我呢，我抚摸了他一会儿，眼睛开始湿润，诸多感慨涌上心头，又把他贴在胸口抱紧，脑海中想着他的样子，让他感受此刻我温暖有力的心跳。许久，一种平和坦然蔓延开，我开始小口抿着茶，依旧孤独，却没了忧伤，有的只是享受与喜悦。

于是，我决定把这一切写下来——就有了上面的文字。我一边写一边体验内心究竟发生了什么。

是什么让我今天非要来工作室？并没有来访者等我咨询，我也没有任何事情要做。事实上，几天前我就完成了手头所有工作，正准备好好歇几天。

此刻，我已完全觉察到内心发生了什么，这些年来我一直都在经历这样的情景，比如我常独自在深夜游荡，比如一年中有三百多天我都会来工作室，风雪无阻，即便是中秋节，即便是除夕夜，越是逢年过节，我反而越想来，来做点事情或是什么事都不做。

是的，我在体验某种相似的感受，那是一个人的孤单。越是团圆的日子就越能衬托这孤单，因为我的"内在小孩"曾无数次体验过，就在早年的一些经历中。彼时，我并无半点力气反抗，只能"被迫孤独"；如今却不同了，强大的自我功能完全可以扭转这一切，我会一边体验孤独，一边享受孤独，一边感受凄凉可怕，一边又能掌控着恐惧。我在一次次重复创伤，也一次次疗愈创伤，疗愈内在小孩。

就在刚刚，为了疗愈内在小孩，我无意识间用了音乐疗法、亲近自然疗法、宠物疗法，而此刻我又在用心灵书写疗法。特别需要指出的是，我把自己6岁的照片当作了内在小孩，温暖并滋养了他。没能陪伴家人的愧疚感也一扫而光，有的只是对自己的心疼与接纳，而我的工作室和那片小树林则是最佳的"情感过渡空间"。

这是一段自我疗愈的过程，也是心灵成长的过程。当自我疗愈的过程一遍又一遍地发生在日常中，改变就会出现。而在这其中，最重要的是"觉察"，别放过任何细节，如同我正在做的。若无觉察就无觉醒，你会继续对自己的行为感到不满，会被内疚折磨，会被催生自责与憎恨，会更讨厌自己、讨厌关系；而觉察会让你更理解自己、关爱自己，让你变得强大而慈悲。

本书正是教你如何自我觉察、自我疗愈。

在我看来，一切痛苦情绪与冲动行为都是在提示你要多关注内在小孩。"不恰当"的行为与"糟糕"的情绪只是信号，当你无法链接内在小孩时，他只能通过与父母、孩子、伴侣生气、吵架、冲突、回避来吸引你的关注。

在我将这一思路整理成一个课程后，更是吸引了众多想要改变的人，他们或被亲密关系所困，或被工作学习所累，或被分离抛弃所伤，或被内心冲突所折磨……他们和曾经的我极其相似。当他们听了这一课程，通过作业练习觉察后发现，原来这一切都是因为自己没能关注到内在小孩。

现在我又把这一思路整理成书，并进行了改进与修补。本书会告诉你如何通过外部情绪行为看见内在小孩，如何通过关系看见内在小孩及其对生活的影响，也会为你提供实用的方法来练习、觉察，协助你看清创伤点，分析自己的关系模式、投射类型，并教你如何"翻转"这些旧模式，最终滋养内在小孩，让你的生活抵达平静。

不得不说，这绝非易事，自我觉察需要养成一种思维习惯，如同前文中我本人在早上经历的过程，如果我没有这样的习惯，就不会产生任何觉悟，就只能任由情绪淹没，被行为带跑。所以，你要有耐心，切实把本书的理论方法用于日常，再一点点消化磨合，变成习惯，那么你将定有所获。

为了让你更清晰地理解这些方法，经允许我引用了部分学员的作业进行分享，包括他们的个人觉察与反思，在此对这些学员表示感谢，谢谢他们把觉察传递给更多的人。

感谢本书策划编辑张璐女士，是她让本作品得以出版，也感谢在课程中与我搭档的三位助教老师，分别是高予青（清心）老师、轩鹤云老师、赵凌立老师，她们都是我的同行，是非常优秀的心理咨询师。

也祝福你，我亲爱的读者朋友，祝你早日找到自己的内在小孩，愿你走出半生，归来仍是少年。

冰千里

2021 年 9 月 19 日于工作室

每个人的心里都有一个内在小孩
-扫码关注，了解你的内心世界-

目 录

CONTENTS

第三部分

重塑你的内在小孩

第一部分
找到你的内在小孩

人们常说的"成年""长大",除了成长期体格的变化，更多的是指人格的成熟。

所谓人格成熟，是说人们越来越能够"知行合一"，应对各种压力的能力也有所提升。而在这个过程中，如果内在小孩没有被充分养育，就会让人变得惯于伪装，活得不真实。通俗而言，就是心里想的和实际做的不一致。人会因此纠结、痛苦，无论年龄多大，为人处世都显得很"幼稚"，或者很"世故"。

因此，探索并找到你的内在小孩，是心灵成长的第一步。

第一节
内在小孩如何影响着你

"每个成年人心里，都住着一个孩子。"有很多人曾被这句话触动过，却不知道这个孩子其实就是你的"内在小孩"。

人的"内在小孩"并不会随着年龄的增长而消失，即使到了70岁、80岁，这个小孩依然存在。并且，他会持续且长久地影响着你的工作生活、人际关系、情绪感受等。

一、内在小孩的概念

关于内在小孩，常见的理解有三种。

第一种理解，类似于童心。

我们评价一个人"童心未泯",有"赤子之心",即是形容他给人的感觉非常纯粹,非常天真,很孩子气,并不意味着贬义的"幼稚",而是指纯真,是一种令人羡慕的评价。

第二种理解,来自荣格的理论。

荣格把内在小孩看作一种儿童原型,用来比喻人们在遇事时会展现出来的特定心理模式,这种心理模式会给予人发自内心的、无意识的指引。荣格认为:"儿童原型是作为与过去的一种纽带的原型,但世俗偏见总是倾向于把儿童主题等同于具体经验的'儿童',好像现实的儿童是儿童主题的原因与先在条件一样。然而,在心理学现实中,经验概念的'儿童'仅仅是用来更加准确地进行心理事实表述的一种手段。"对此,我认为"儿童"或"内在小孩"绝不是具体的、真实的孩子,也不是某人的童年,而是一种心理事实,不仅指向过去,也指向当下与未来,如荣格所言"儿童主题的基本特质之一是其未来性"。

第三种理解,也是本书描述的重点,特指人们内心的脆弱与创伤。

它常常包含了我们的创伤性体验。所谓创伤性体验,指的是人在经历了一系列创伤以后(特别是早年经历),内心某些敏感、无助、脆弱、幼稚、痛苦的部分被保留下来。这种理解通常将内在小孩称为"内心真实的自我"。

有时候，我们之所以执着于过去，是因为那时的很多体验和感受一直在影响着我们现在甚至将来的行为。而成长的目标，就是让有过创伤性体验的内在小孩，慢慢变得灵动、轻松、快乐，让内心真实的自我可以表达并接受，让这些创伤性体验越来越少地影响我们内心真实诉求的表达，使得我们心里想的和实际做的越来越一致。

与内在小孩这个"内心真实的我"相对应的，就是外在的"别人看起来的我"，或者说"我表现出来的样子"，我称之为"功能自我"。

比如在很多人看来，有些人是幸福的，但是在被认为是幸福的人的内心，却有可能是另一番感受，也许他会觉得自己很孤独、很差劲、很悲伤、很委屈等等。前者就是"功能自我"，后者就是"内在小孩"。

内在小孩既会有积极的感受，也会有消极的情绪，但无论是哪个方面，我们都需要学会欣赏自己内心的"风景"。

心理学不同的理论流派，对内在小孩也有不同的称法，比如"内在的自我""真我""自信情结"等等。不管怎么称呼，内在小孩就是我们的一部分，和我们不可分割。

内在小孩与功能自我共同构成了一个完整的人格。我们说要接纳和关爱内在小孩，指的就是要自我接纳、自我关爱，特别是接纳和关爱自己不够好的部分。

二、内在小孩是如何形成的

内在小孩的形成，有四个影响因素。

第一个是每个人先天具有的特质，类似于家族遗传的一些特质。

第二个是人类的集体潜意识，祖祖辈辈一代又一代人传下来的人格表现。

第三个是社会文化背景的影响，在不同的文化背景下，内在小孩会有不同的表现。

第四个是在精神动力学的框架下，心理学所研究的，原生家庭的养育环境造成的影响。特别是客体关系——你和你成长早期的养育者之间、养育环境之间的关系决定了你的内在小孩。这也是本书所讨论的重点。

有句老话说"3岁看大，7岁看老"。这句老话表示成长早期的一些经历能够在一个人的一生中形成非常长时间的影响。从心理学的角度来看，我们将这个阶段称为成长早期，并明确界定在6岁以前。

当我们意识到成长早期的经历对自身有巨大影响的时候，不可避免地想要寻求改变，这是人的本能。而寻求改变的过程，就是心灵成长的过程。成长是有多种方式的，心灵成长并不是孤立的、狭隘的范畴，我们所经历的一切，甚至是痛苦的，都是成长的一部分。可以这样说：成长必然要经受痛苦。

那么，内在小孩产生的机制是什么？

在成长早期，自然的、原初的生命体验被破坏了——通俗地说，就是受伤了。

举个简单的例子。在孩子 1 岁以前，哭是一种信号。大多数情况下，哭代表饿了、尿了、渴了、怕了等。当他饿了，就会用哭声来表达吃饭的需要，这种需要是要被满足的。如果妈妈（这里代指一切养育者）过了很久才来喂他，或者喂他的方式非常粗暴，又或者是妈妈因为心情不好来回摆弄孩子，让他感到不舒服，孩子最原初的生命体验就被破坏了，他的需要就没有被满足。这个时候创伤就产生了，内在小孩就形成了。

内在小孩的产生机制，说明了两点。

第一，内在小孩受伤的形式非常多。前面谈到的"在孩子饿了的时候，喂养食物的方式不恰当"只是最简单的例子。常见的受伤形式还包括控制、抛弃、虐待、暴力、指责、苛刻、挑剔、威胁、疏远等等，以及其他非常多的隐晦的变形。

第二，内在小孩受伤是不可避免的。这是因为妈妈不可能 24 小时专注于孩子。心理学家唐纳德·温尼科特（Donald W. Winnicott）认为，100 分的完美妈妈对孩子的成长并不是非常有利的，但孩子需要足够好的妈妈。国内有人把"足够好的妈妈"形象地翻译成"60 分妈妈"。其实，我认为温尼科特想要表达的也许还不到 60 分，可能在 55 分左右。

举个例子。如果孩子摔倒了，0 分的妈妈可能看不见，无论孩子怎么哭闹都无动于衷；100 分的妈妈是不会让孩子摔倒的，她会密切关注孩子，防止孩子受到哪怕一点点挫折；而 60 分的妈妈则能忍受孩子的摔倒，会在孩子哭喊时把他扶起来，也允许孩子自己站起来。恰当的挫折对孩子的成长是必要的，也是健康的。100 分的妈妈对孩子过于控制，0 分的妈妈对孩子过于忽视，这两种都会给孩子带来创伤体验。

内在小孩受伤害的程度内含五个要素——养育者的态度、受伤害的频率、受伤害的程度、受伤害时的年龄以及后期的经历。比如，把 3 岁孩子独自留在家里和把 13 岁的孩子独自留在家里，带来的"被抛弃"的体验是完全不同的；一周五次把孩子留在家里和偶尔一次也是不同的；把孩子留在家里时，父母会提前告知并安慰和父母并不当一回事儿，这两种情况造成的影响也是不同的。

不要用现在的思维去理解成长早期的自己，否则很容易被现在的思维误导，认为"那算不了什么"，但其实对于那个年纪的孩子来说，伤害有可能是毁灭性的。

三、内在小孩的特点

关于内在小孩，有以下七点是需要了解的（以下也可以把内在小孩当作"自己"来理解）。

第一，健康的内在小孩对应受伤的内在小孩。健康的内在小孩对世界充满好奇，而受伤的内在小孩可能觉得一切都很无趣。

第二，真实的内在小孩对应虚假的内在小孩。真实的内在小孩会发自内心地哭和笑，而迎合的、讨好的、顺从的、察言观色的、特别在意别人评价的内在小孩就是虚假的内在小孩。

第三，敢于依赖的内在小孩对应必须独立的内在小孩。小孩一般非常敢于依赖自己的母亲，也喜欢依赖；而不相信自己有所依赖的小孩，会要求自己必须坚强、独立。

第四，健康的内在小孩容易提出需求，而受伤的内在小孩不敢提出需求，因为他们害怕被拒绝。

当一个人在成长早期的某种需要没有被满足，他也许会用一生的时间，通过不同的形式，来弥补当年没能得到的感受。这和年龄没有关系，不管是在 35 岁，还是 75 岁，都会想要去满足 5 岁时没有被满足的愿望。比如，早年被忽视的孩子长大后可能对于被人重视、被人认可有着高度的需要，很容易被温暖的人吸引。

第五，健康的内在小孩是自信的、勇敢的；而受伤的内在小孩是退缩的、自卑的，有一种自己配不上、不值得的感觉，也不敢展示自我。

第六，健康的内在小孩能自然表达情绪，无论是哭、笑，还是生气、难过，都能自然表达，并不害怕表露情绪之后，会遭到他人的拒绝；而受伤的内在小孩常常会压抑自己的情绪，不敢表达真实的情绪。

第七，健康的内在小孩容易以自我为中心，不太考虑别人的感受；而受伤的内在小孩常常会以他人为中心，看别人的脸色，再决定自己应该怎么做。

最后，关于内在小孩，用三句话来做个总结：首先，内在小孩指的是有创伤性经历的各种情绪体验的结合；其次，内在小孩是由于成长早期不恰当的养育关系形成的；最后，若一个人的内在小孩是受伤的状态，他最大的特点可以概括为：没办法活出自己最真实的状态。

每日作业——画出你的内在小孩

把内在小孩画出来，给他取个名字。怎么画都行，不要评判、不要否定、不要思考，以第一感受为主。在这个过程中产生的任何念头和想法，都可以写在画像旁边。

①为什么要画自己的内在小孩？

这样做是为了把我们脑海里抽象的内在小孩具象化。

②如何画？

这不是在上美术课，我们随心涂鸦，画简笔画、画大或是画小、画什么形状等等，都无所谓，用什么颜色、什么笔、什么纸都行，不要对自己有任何的评判和限制，以第一感受为准。尽量减少动脑子，想到什么直接画出来。在画的时候想到什么词汇，也可以写下来。

作业展示：@ 小 So

我看到我的内在小孩是一个五六岁的小女孩，就叫她小丹丹吧，她是在流着泪寻找什么吗？她想要寻求理

解、关注、帮助，希望有人可以留意到她的需要，抱一
抱她——她在寻找的人，可能是自己的妈妈吧。

③ 有什么需要注意的地方？

你可能很容易画出现在的自己，或者是你想要成为
的样子……描绘出来的内容是这些，也没有关系，这是
你的功能自我。你可以在纸的另一面重新尝试画出内在
小孩，成长早期的你，孩子气的你，有一些创伤性经历
或者难过情绪的你，弱小的你。然后，你可以做一下对比。

画不出全部的自己也没有关系，你可能会画出自己
之外的人物、景物，你也可能会把自己画得缺少一只眼
睛或者一些部位，或者只画出身体的一个或几个部位，
都可以。

　　你要去体会绘画过程中的一切感受，允许这些感受的发生。当你的画完成，你可以盯着这幅画，多看一会儿，每个细节都不要放过，特别是吸引你的细节，无论它是一根草、一棵树，还是一根手指、一根头发，然后在那个细节上多停留一会儿，感受看到它时的情绪，在这个情绪中停留一会儿。你也可以按照绘画的顺序来感受自己的情绪，无论产生什么样的感受，你都要告诉画出来的内在小孩："我一直在，你不要怕。"画完以后，把它保存起来，因为这可能是你第一次把内在小孩画出来，对心灵成长而言很有纪念意义，而且这幅画在之后也会被经常用到。

　　有的人会把初次画出的内在小孩裱起来挂在墙上或放在床头，经常与之对话；有的人还会把自己以后的内在小孩也画出来，然后进行对比。这两者都是理解内在小孩的有效方式，我特别认可。

第二节
内在小孩与我们的痛苦有什么关系

人们常说"人生不如意事，十之八九"，意思是大多数人不可能一生总是幸福，而且不幸福的时候几乎占到了百分之八九十。人们往往终其一生都在追求幸福，追求幸福的过程其实也就是人生的意义。

那么，人为什么会感到痛苦？这些痛苦是来自哪里？不同领域有各自的回答。

哲学认为，是意识导致了痛苦，如果我们能把意识摘除，就感受不到痛苦了。

佛学认为，"诸法无常"，世上没有任何东西是永恒不变的，当我们认识不到这个真谛，就会产生苦恼，产生困惑，形成痛苦。

现代医学认为，是症状导致了痛苦，比如身体器官发生了病变，治愈这个器官就会去除痛苦。

下面，让我们试着从"内在小孩"这个角度，来探究一下是什么导致了痛苦。

一、导致痛苦的因素之一：内在小孩的恐惧

内在小孩的恐惧需要经过深入探索才能发现。而且探索过程中，我们最先察觉到的往往不是内在小孩的恐惧，而是功能自我表层的一些恐惧。

举个例子。我很痛苦，因为赚钱少——把痛苦归咎于"赚钱少"就是表面归因。你可以试着继续自我追问，比如："我为什么赚钱少？"有些人会觉得怀才不遇，觉得社会不公平，觉得是外界因素导致的；还有些人会觉得自己没什么价值，没什么能力，甚至引发强烈的自我贬低，并伴随着羞耻感。你可能会觉得"是我能力不够，所以才赚不到钱"——你看，你的痛苦已经从"赚不到钱"变成了"我不够好"。如果继续往深处想，那么可能就会更加泛化，比如："我不仅没能力赚钱，其他方面也不行，我一无是处、一事无成，我没用，我就是个废物……"

再继续追问，你就会思考："到底是谁觉得我不够好、很

差劲呢？"或许是由于现今社会总是以目标为导向，人与人之间的攀比、欲望日渐加重。但在社会评价体系之外，实际上是你本人觉得自己很差劲。这两者之间，后者才是关键，你如何看待自己比外界如何看待你更重要。

你自然会去思索：你为何觉得自己很差劲？这个认知是从哪里来的呢？

也许你的脑海里会浮现出一些场景，比如：小时候被母亲苛责、被父亲惩罚，考试成绩不理想，经常被长辈贬低，自己的性格和相貌会被同学取笑，等等。这些场景总是与"自己不够好"联系起来，时间久了，你就慢慢形成了今天的性格，总觉得自己不够好。

创伤性养育的结果，就是我们会把创伤内化成对自己的评价，进而形成恐惧。

这样你就能得出结论：你痛苦的根源不是赚钱少，而是你的内在小孩觉得自己很差劲，这个认知则来自成长早期的创伤性养育——"我是没有价值的，我是个废物"，这就是你的内在小孩的声音。

这就是你的内在小孩的恐惧，你害怕自己"不够好"，总觉得自己做得不到位，总觉得自己很差劲。

我把上述这种探索内在小孩的方法称为"反复追问"，通过表面问题层层追问，最后你就会发现内在小孩害怕的点、难过的点，而且这个点会引发情绪。这个导致情绪的点就是你的内在小孩的恐惧，也是你痛苦的来源。

事实上，很多人在内心深处都认为自己不够好。"觉得自己不够好"还可能有这些表现：想要掌控某段关系，一旦失控，就会感到特别糟糕；不允许工作出任何差池，不愿意被领导批评；过于在意别人的眼光，在意自己在别人眼中的样子；对孩子有过高标准的要求；对伴侣的无能感到很痛心，或者对伴侣的指责特别敏感……

这些都属于功能自我。苛刻地要求自己做好一切，才能避免让自己看到不好的一面；而对他人的不满则是"投射"，在别人身上看见了那个不好的自己，会很敏感、很排斥。

另外，在现实中，我们也会强迫自己做一些不愿意做的事，来避免内在小孩觉得自己不好的恐惧，做的这些事情本身也是"获益"的——让自己努力变优秀。尽管过程十分消耗精力，却是社会普遍认可的行为取向。比如，使单位同事认为你是一个上进的、严谨的人，对你的印象不错，这会有助于你在工作领域取得更多成就。

还有一点需要指出："痛苦的感受"让我们觉得熟悉。

这一点非常关键，像是一个程序被植入内心，这个程序默认了我们与成长早期的养育者保持链接的方式，尽管很痛苦，但至少好过被扔掉、被抛弃，或是面临死亡。被这样对待对于当年那个孩子来说，是他活下去所必须忍受的，也是必须付出的代价。

所以，在我们的潜意识里，和受到陌生的对待而产生的不安相比，尽管已经熟悉的对待会让自己很痛苦，但也会带来一种安全感。

如果一个人之前曾被糟糕地对待过，现在渴求被好好对待，也确实受到别人的好好对待，这个人很可能出现以下两种反应。

第一种，会不自觉地否认和质疑别人的态度。这种对待是真实的吗？会不会有什么目的？他凭什么对我这么好？是不是要从我这里得到什么，或者要让我付出更多？如果我没有付出，那么他会不会伤害我、抛弃我？

第二种，很可能会想要更多。因为太渴望这种被善待的感觉了，一旦想要的更多，就会更加敏感，想要每时每刻都得到这种对待，甚至在无理取闹的时候，也希望对方好好地对待自己。如果对方稍微有些不重视，就会变得更加焦虑，进而衍生出一些新的痛苦，最后导致和对方的关系破裂，迫使对方逃离。你潜意识就会觉得："我早就知道会这样，他就是会这样对我。"

二、导致痛苦的因素之二：对功能自我的不接纳

为了让自己成为一个优秀的人，你可能会到处去寻求认可，

对自己要求特别苛刻，不允许工作出差错，对否定特别敏感，经常以目标为导向；而且你也会用同样的态度和方式，去苛刻、挑剔地要求其他人。

这一切都是我们为了满足内在小孩的需求所做的努力，或者说是为了避开内在小孩的恐惧所采取的措施，这些措施被强化成为我们日常的一部分。我们通过让自己成为优秀的人来避免面对内在小孩的恐惧，而这也会产生一些"副作用"，比如破坏关系、拖延、失眠、过度警惕、过度焦虑等等。但我们又不想接纳这些副作用。

在这里我必须提醒你，这些都是你强迫追求完美的功能自我所带来的副作用，是你应该去承受的。比起内在小孩的巨大恐惧，你强迫自己完美所带来的焦虑实在不算什么。

举个例子。假如你害怕被抛弃，认为自己变好了别人就不会抛弃你了，于是把大量心力花在让自己变得更好、更优秀上，但这个过程会消耗自己的内在能量，会让你感到很焦虑——即便如此，这些消耗和焦虑也只是副作用而已，比起被抛弃的恐惧，根本不值一提。

事实上，大多数人是因为这些副作用而去寻求心理治疗的，那时候他们还没有察觉到引发自己痛苦的根本原因。他们可能会觉得是自己的亲子关系、婚姻、工作等方面出了问题，才导致这些副作用的出现，但其实这些都只是表面上的问题。内在小孩的需求促使你不停地往前奔跑,不接受自己不完美的部分。

因此,痛苦就是对自我的不接纳。

成长是一个多样化的过程,不是某种单一改变,它需要足够的时间来领悟和觉察。先要找到属于自己的需求和恐惧,尽量去探索出一些应对的方法,才能慢慢在成长的过程中改变自己、疗愈自己。

在之后的章节中,我会一点一点协助你看见自己的内在小孩,并详细告诉你一些疗愈内在小孩的思路和方法。

每日作业——疗愈内在小孩

本练习能够让你重新回到内在小孩的创伤时刻，幻化出理想化的母亲的角色，让内在小孩感受到重要客体的持续滋养，延续曾经被迫中断和压抑的体验，从而获得被重新养育的机会。

第一，要让你和自己的内在小孩保持某种持续的联系。

第二，要不停地确认内在小孩的需求，并去满足他。

第三，要慢慢减弱内在小孩曾经的恐惧。

第四，要让这种练习成为习惯。

这种练习方法非常简单快捷，而且持续练习的作用会非常明显。在练习的过程中，你也许会觉察到一些新的需求和恐惧，再结合后面内容中讲到的方法，你对内在小孩的认知、觉察就会越来越清晰明了。

找一件东西去替代内在小孩，可以是想象中的自己、小时候的照片、与某人的合影、自己的内在小孩画像、镜中的自己、重要的随身物品、对你有特别意义的物件，或是你的宠物、植物等。

与内在小孩互动，可以尝试以下四种方式，但不局限于此。

①倾听他。

模拟内在小孩在对你说话，想象一下他会对你说些什么。这时，你的内心可能会冒出一些念头，这些念头也许就是内在小孩对你说的话。你可以把这些念头说出来，也可以默念，但请专注地倾听自己，不要评判。

②安抚他。

用一个能表达内在小孩状态的姿势——平躺、侧卧、蜷缩地躺着或者站立都可以。用双手保护自己，拍拍自己，轻轻摇晃自己，或是抚摸自己的肩膀、脸、头发，去感受和内在小孩在一起时的气息和温度。你可以把安抚的话说出来，也可以在心中默念。

③允许他。

给内在小孩取名，可以是你的乳名或其他名字，轻轻呼唤他的名字，他可能有很多愤怒、委屈，可能刚刚发过脾气，允许他宣泄情感，并告诉他："这不是你的错，这一切都不是你的错。"你可以直接说出来，也可以在心中默念。

④支持他。

呼唤他的名字，想象你有能力给他最需要的东西，想象他处在某个特别需要帮助的情境下，你出现并且给了他支持，告诉他："别怕，有我呢，我会保护你的"，"我永远站在你这边"，"任何时候你都不该被那样对待"。你可以直接说出来，也可以在心中默念。

作业展示：@小多

在做练习的过程中，我不自觉地流泪，感受到内在小孩站在一片漆黑的森林里，她是那么脆弱无助，那么悲伤，害怕被抛弃，渴望被全部接纳。我告诉她："孩子，别怕，我会永远站在你这边，不管你做了什么，我都会支持你、原谅你、无条件地爱你。你值得被更好地对待，你本来就很好！"我说完这段话，她好像有了力量，不再那么害怕。"往后的每一天，我都要好好抱抱你，我的内在小孩！"

请注意以下三点：

①在什么时候练习？

如果你恰好面对或者经历了冲突，感到悲伤、无助，有了不好的情绪，比如你与爱人或孩子发生冲突，那么就特别适合用上面的疗愈方法。但是在情绪失控的时候，不建议采用这种方法，不要去强迫自己练习。等情绪稳定下来，回过头反思的时候，你可以再尝试疗愈自己。在开始之前，可以先冥想一会儿，或者让自己安静地专注于当下，接着就可以进行练习了。

② **一定要注重自己的感受。** 你可以将自己在进行上面任何环节的练习时出现的任何感受写下来、说出来，还可以把它们分享给其他人。

③ **不要让功能自我下的批判性思维阻挡你做内在小孩的疗愈练习。**

第三节
如何通过关系和情绪来觉察内在小孩

　　探索内在小孩的需求和恐惧，有利于你对自己的内在小孩有更深层的认识，能帮助你学会用某种态度、某些方法来结合实际去改变现状，使自身有所成长。

　　接下来，我们将从关系和情绪两个方面来探索和认识我们的内在小孩。

一、通过亲密关系觉察内在小孩

　　之所以要通过关系来探索内在小孩，是因为其实我们大多数痛苦和困惑的感受都来自关系，特别是亲密关系。你几乎每天都要面对身边的关系——与伴侣、孩子和其他家人，这些是你逃不开的，也是必须要面对的。

这也就意味着，要想探索内在小孩，就需要知道原生家庭关系下的原初模板，是否被复制到了你现在的核心关系中？如果是的话，那么复制了多少？在这种关系中，你的内在小孩感受到了什么？做了些什么？

首先要清楚的是：关系的核心是你本人在关系中的感受，而不是关系本身；无论是对方在互动中带给你的感受，还是关系本身长期带给你的感受。在某段关系中，一旦有了不好的情绪，我们就会想要逃离或压制这些感受。比如，夫妻之间很容易因为孩子的教育问题发生冲突，如果其中一方觉得另一方在指责，一般会出现以下这些反应。

第一，急着争辩，通过发表和论证观点，来证明自己没有错。

第二，可能说了没几句，就会自己去另一个房间生闷气，不搭理伴侣。

第三，去做一些别的事情，假装自己不在乎，假装对方没有伤害到自己。

第四，开始自责和反思，觉得自己好像真的错了，是自己不好。

......

这些反应几乎都是非常快速地发生的，是本能的条件反射。在外人看来，这好像是很自然的互动方式，夫妻之间好像也习惯了这些反应，而且看起来无论出现了上面提到的哪种反应，似乎这个问题都已经解决了。但实际上，问题并没有解决，你只是逃开了让你感到难受的某种情绪，回避、压制了自己的感受。

当然，出现上面提到的反应是没有问题的，但是你需要在这里停住，对当下你的感觉有所反思，哪怕过后再去反思也是可以的。你要重视自己在一段关系里的真实感觉，而不是通过关系去抛开这种感觉。因为这种感觉就是你内在小孩的感受。

以下有五种方式能够帮助你链接内在小孩。

第一，感受到自己的情绪之后，多一点自我理解。

关系互动是感受内在小孩的有效途径。关系里的冲突为你与内在小孩的链接提供了机会，同时也很可能会碰触到你内在小孩的一些恐惧和需要。很多人习惯了马上去克服冲突带来的压力，解决冲突导致的问题，从而避开冲突带来的负面感受。

比如，当你被人指责时，你也许会有这样的行为：反驳对方，或者以激烈的言辞和对方争辩，摔门而去，马上承认错误并改正……这些行为都在让你回避负面感受，从而规避委屈、无助、生气、难过等情绪。

我想说的是，不要回避自己的真实感受，你可以先停下来，等一会儿再给对方回应。先让自己和这些情绪待一会儿，待在这些情绪里去感受和理解自我——它们引发了你的哪些联想，让你想到了怎样的事情；或者是你什么都没有想，仅仅觉得自己非常委屈、难过；等等。

认清内在小孩的这些感受，就好像在对内在小孩说："亲爱的，我看到了你，感受到了此刻的你很委屈。"这个过程其实就是你与内在小孩的链接，以及你对内在小孩的抚慰。

第二，找出关系里的"开关效应"。

如果你是一个擅于观察的人，就会发现每段人际关系中都有"开关效应"，就好像在你们之间有一个开关，对方一按，你这边就有相应的反应，"对方一……你就……"。比如，孩子一拖延你就批评他，伴侣一回家晚点你就愤怒，领导一布置任务你就心烦，同事一开玩笑你就觉得是在取笑你……

此时，我们要将关注点放在行为导致的情绪上，以及这些行为所引发的联想上，而并非这段关系本身。

比如孩子拖延，你就会去指责他。你为何不能接受拖延呢？围绕孩子拖延，围绕你和孩子的互动，你会产生一些联想，这些联想表明了你的某种需要没有被满足。你需要让孩子听你的话、顺从你，他却用拖延的方式来对抗你。拖延这个行为本身好像又有了延伸意义。仔细想一下，让你抓狂的是反抗吗？是你的计划被破坏后的失控吗？是你无法接受违背一些规章制度吗？为何不能接受这样的事情？

也许你也曾被这样"不允许"过，也许你也只能顺从和迎合权威，敢怒不敢言。如果真的是这样，孩子只不过做了你不敢做的事情而已。当你想到这一层，就会对自己的内在小孩有一种觉察。

实际上，"对方一……你就……"是一种两个人配合的互动模式，而在这个模式中，存在着关系双方关于控制权的较量。

"孩子一拖延，你就抓狂"，在这一场景中，是你被孩子控制住了，好像孩子知道怎么做你才会抓狂，尽管孩子自己也并不好受。

你的抓狂代表你内在小孩的恐惧被激发了，使你失去了作为成年人应有的理性。因此你需要对某些情境多一些内心觉察，去体验内在小孩的哪个部分在这些情境中失控了，慢慢地打破"开关效应"，恢复对自己的掌控感。

第三，了解自己会被某一种类型的人吸引或激惹。

比如，你就是讨厌强势的人、花心的人、懦弱的人、不讲信用的人，甚至是圆脸的人、身体强壮的男人、穿戴特别整齐的人……或者你特别喜欢留长发的人、大男子主义的人、温和的人，等等。

此刻你需要展开联想，问问自己："为什么？"你在联想中一定会找出和早年相似的某些经历，比如你的母亲可能留着长发，你们的关系很好；比如你的父亲可能穿戴整齐、身体强壮，而他经常责骂你。

你会看到，无论喜欢与讨厌，都是在吸引你，都在引起你的反思和情绪，以此来让你看见关系中的自己，也就是内在小孩的部分。

如果你特别讨厌强势的人，那相对应地，你可能会对比较弱小的人有同理心和同情心。当然也有可能并非如此，比如你既讨厌强势的人，又讨厌特别懦弱的人。这一种情况极有可能发生在这样的人身上：强势的人曾是他成长早期的养育者，懦弱的人则是成长早期的他自己。

你需要把那些同一类型的人的特点描述出来，并展开联想，这也是探索内在小孩的一个很好的方式。

第四，发现自己和父母的性格越来越相像或者越来越相反。

在心理学中，我们把这种现象称为认同和反向认同。

比如你的母亲是一个强势的、要求完美的人，你会发现自己也是一个强势的、对自己要求高的人；换句话说，你们的性格越来越像。又比如，你的父亲是一个比较软弱的人，而你是一个比较强势的人，或你渴望强势、渴望勇敢，尽管你觉得自己好像还做不到，但你总是在一些性格上和你的父亲相反。

这种"相像"或"相反"，也会泛化到很细微的事情上。比如，你的母亲非常节俭，而你却铺张浪费；你的父亲话不多，而你却善于言辞；等等。

当你发现自己和重要养育者，也就是你的父母很像或是相反的时候，就需要静下心来思索"为什么"，思考"为什么"

的过程和答案就是你内在小孩的需求或恐惧。

第五，认识到自己对孩子的重视总是集中在某个方面。

比如，你特别在意孩子是否能独立，而对其他方面都无所谓或者认为不重要，一旦他哭鼻子，或者表现得很软弱，被人欺负，你就会特别生气。又比如，你要求孩子努力上进，如果他表现出拖延、没有计划，你就会特别不能接受。

你的这些情绪，在心理学上被称为投射——你对孩子的重视总是集中在一个方面，那么这个方面就是你内在小孩的一部分需求或恐惧。你需要去思索一下自己在孩子那么大的时候，你的养育者是如何做的，你的感受又是什么；如今你的孩子这样做，会不会是你害怕成为的样子，或者渴望成为的样子？这也是探索内在小孩的一个重要途径。

以上所说的是人们现有的一些关系，但我们往往会在对现有关系进行反思的时候，不自觉地回忆起过去的关系。这个时候你要知道，回忆过去是不由自主的，是为了更好地理解现在，也是为了避免让将来重复现在，因为现在就是将来的过去。回忆过去的关系，对探索内在小孩来说也非常重要。

一般来说，过去关系中的重要他人分为三种。

第一种，成长早期的迫害者。这是本书中的重点内容，后文中还会对这些迫害者进行详细的分类说明。正是迫害者的存在，导致了内在小孩的各种创伤。在这里，你可以简单理解为：

成长早期一切不友好对待你的人都是迫害者。

　　第二种，成长早期的帮助者。不要小看一个孩子，也不要小看当时的自己。我们总会在很无助、很绝望的时候，培养出适合当时的自己生存下去的技能，其中一种技能就是我们会找到自己理想化、具有替代性的"父母角色"。比如，有人对父母的印象特别差，但是对自己的兄弟姐妹感觉特别好。其实，就是在他很小的时候，他的兄弟姐妹取代了一部分父母的功能。

　　去回忆在成长早期给予你帮助和支持的人，甚至可能不是"人"，而是一个玩具或者别的什么载体，比如舞台上的偶像、小说中的某个人物。我们需要从曾经理想化的回忆中，找到真正的帮助者。

　　第三种，相似的迫害者和相似的帮助者。回忆在成年后你都遇到了哪些令你印象深刻的伤害过你的人和帮助过你的人，思考他们与在成长早期伤害过你的人和帮助过你的人是否有一些共同的特征。

二、通过情绪觉察内在小孩

　　情绪就是内在小孩的"天气预报"，多觉察自己的情绪会让你更加了解内在小孩的需求和恐惧。你可以通过以下方式来觉察自己的内在小孩。

　　第一，重视相似的情绪。我们经常会有一些相似的情绪体验，这和被相似类型的人吸引有相通的道理。比如，有的人会因为在和异性交往的时候联想到性而产生羞耻感；而有的人会在很多时候有强烈的孤独感，哪怕是身处人群中，哪怕是置身于某段关系里，他的孤独感好像有一种规律性的出现频率，每隔一段时间就会出现……生活中经常出现的一些类似的情绪，很有可能就是早年你生活底色里的基本情绪。

　　第二，重视情绪激烈甚至失控的时刻。激烈的情绪往往反映了你内在小孩的基本相貌。比如过度焦虑，如同羚羊在草原上吃草的时候会时刻保持警惕，吃一口草就朝四周看一看，担心自己被吃掉。"过度焦虑和警惕"可能就是你内在小孩自我保护的方式，以此来规避危险。

　　而人在情绪激烈的时候，会惶惶不可终日，可能会对自己和他人有一些不切实际的期望，比如过度自我要求完美、过度自我批判、过度讨好别人。而这也许就是你内在小孩的常态情绪。

　　第三，重视与事件不一致的情绪。有些事看起来很小，但你却有强烈的反应，比如有人闯红灯、插队，你就会暴怒，想与他理论和争执。你的反应远远超出了事件本身，也许是因为你的内在小孩对于"破坏规则"有着巨大的恐惧，或者也许你很想"破坏规则"，却又不敢这样做。

　　类似的情况有很多，若你的情绪远超过一般人，比如特别怕蛇、怕黑、怕和很多人聚餐、怕别人生气、特别喜欢被人赞美、特别同情弱小者……这一定和内在小孩有关系。在别人眼中的小事，对你来说却是天大的事，正是因为这些恐惧点就是你内在小孩的恐惧。你可以展开联想，去探索情绪中的内在小孩。

第四，重视同时存在的两种相反的情绪。比如，既开心又难过，既悲凉又兴奋；或是你的孩子打了别人家的孩子，你会气愤地批评自己的孩子，但同时你又隐约感到开心，至少是自己的孩子欺负别人，而不是被别人欺负。

一般来说，两种不同的情绪体验中，会有一种是相对明显的，而另一种则由于自己不接受而相对隐性。

在上文的例子中，也许是因为父母在小时候被同龄人欺负惯了，又不敢反抗，潜意识就会希望自己的孩子能成为敢于反抗甚至是欺负别人的人，替他们实现这个需求，但这一点不容易觉察；批评孩子的情绪则相对明显。

再比如，你由于失误没完成领导交办的任务，或在参加非常重要的会议时迟到，你会感到自责和内疚，但也会产生暗爽和窃喜。前者容易觉察，后者则不容易发觉。后者可能代表你的内在小孩希望突破规则、对抗权威。

又比如，你在意识上很想努力奋斗，但不知为何又各种拖延、低效率，这可能是因为你的内在小孩想"躺平"，而不是"内卷"。

　　通常而言，虽然看似"不应该的""不被接受"的情绪令人难以理解，但这些情绪却更重要、更真实，因为这才是你内在小孩最真实的需求，只是不被普遍价值所接受而已。

每日作业——有选择地完成以下几项练习

① 列出关系中的常见模式。

列出几条你在关系中"对方一……我就……""对方一不……我就……"的例子。比如，"对方一不回消息我就焦虑""对方一迟到我就愤怒""对方一说话我就不耐烦"之类。

要把"对方"是谁写出来，并在这种情绪里待一会儿，写出在这种情绪背后你期待的是什么，你希望对方如何回应，为什么。

② 理想化。

你生命中有这样一个人、一件事，或者某一个瞬间，让你感到过温暖和支持，给他写封信，或者为这件事、这个瞬间写几句话。

③ 明确自己的喜好与厌恶。

列出自己最喜欢或最讨厌的人（或事，或时刻），并明确他们是什么类型，自己为什么喜欢，为什么讨厌；

当你和他相处时，你的感受是什么；你会用什么样的词语去形容他。

④ 描述情绪失控。

回忆并描述自己最近一次情绪失控时的状态，越详细越好，包括当时的情景、起因、经过和结果，以及自己的情绪最后又是如何从失控中慢慢恢复的。

⑤ 描述相反情绪。

你做过哪些事是自己理智上觉得不应该、不对，但内心却觉得很爽、很解气的？把这些事写下来。

作业展示：@小绿

我小时候不喜欢午睡，睡前会各种闹腾，越闹越兴奋，越不想睡。每到这时候，妈妈就会狠狠地甩我一巴掌，我立刻委屈地哭起来，哭着哭着就睡着了。回头想想，我当初为什么那么不长记性，非得挨打才肯睡觉？其实当时只是想要妈妈陪一陪、哄一哄啊。

而我的孩子如果生病了，本该温柔照顾他的我，反而会变得很狂暴，会大声指责孩子。而且孩子病得越严重，我的情绪越暴躁，我宁愿把他的病全揽到自己身上，也不想看到他受苦的样子。那种深深的痛苦和无能为力的感觉到现在仍记忆犹新。当时，我不知道自己为什么会那么反常，现在我能看到自己的内在小孩，知道原来那是一个人面对生病时恐惧情绪的表现，当时的自己就像是处在无边的黑暗当中。

第四节
如何通过梦探索内在小孩

通过关系和情绪探索内在小孩相对简单，因为它们都是可以察觉的，但我们的"梦"是很难被察觉到的，因为它虚无缥缈，却意义重大。

在古代，梦常被作为一种预兆、一种警示来解读，甚至在帝王身边有专门的释梦人、解梦人。帝王会根据自己的梦的解析来明确对一些事件的判断，尤其是有重大意义的事件，比如战争，有时甚至会牵扯到政权是否稳固。

20世纪初，弗洛伊德《梦的解析》问世，标志着精神分析流派确立。在精神分析取向里，梦是一个非常庞大的理论分支。发展到现在，"释梦"已经成为心理动力学派的一项必备技能。

几乎所有流派的心理治疗师都对梦有过一些研究和学

习，因此，心理治疗师也会通过对患者的梦境的探讨，帮助他们探索自己的内在小孩。

事实上，通过自己的梦境来探索内在小孩会更直接、更深入，我把梦称为"内在小孩写给你的信"，需要你用心阅读和揣摩其中的含义。接下来，先了解一下注意事项。

一、通过梦探索内在小孩需要注意的七点

第一，要非常重视自己的梦。你的梦其实就是内在小孩的指引。在很多情况下，梦并不是平白无故出现的，而是在替内在小孩表达什么。

第二，做梦本身就有疗愈作用。无论你做了什么样的梦，无论你是否遗忘了做过的梦，无论你在梦里多么害怕，做梦都是具有疗愈作用的。你可以在梦里想象出任何在现实中不能做、不敢做的事情。

尽管你不是有意这样思考，但梦是你的内在小孩的某种思考和指引。弗洛伊德曾经对梦下过很多定义，其中很重要的一点是，他认为梦是潜意识的满足。荣格也认为梦是我们内在的一种引领。

做梦本身就是挑战意识，把恐惧的、胆怯的、邪恶的、隐

晦的欲望植入梦境，以此获得心灵的满足和整合。

第三，你做的所有的梦，都和你本人有关。如果把梦比作一部电影，或者一个电影的片段，那么你就是梦的导演；准确地说，你的内在小孩就是梦的导演。而在大多数情况下，你既是导演又是演员。没有任何一个梦和你本人无关。之所以强调这一点，是要让你知道，你无论是梦到了别人，还是梦到了任何看起来与你无关的、荒诞的、不可思议的事情，都和你本人的内在小孩息息相关。

第四，能够讲出来的梦是谜面，解梦的结果才是谜底。尽管内在小孩是你的梦境的导演、是写信人，但被你记住的梦只是谜面，要通过解梦才能发现谜底——内在小孩真正的声音、真正的恐惧和渴望。

成年人的梦十分复杂多变且隐晦，孩子的梦则相对直白。比如，孩子想吃糖就会梦到"糖果山"；想去某个地方玩，就会梦到游乐场。没有受到过创伤的孩子，在大多数情况下，做的梦都是美梦，而成年人很少会做发自内心感到愉悦的梦，大多数是非常奇怪、令人费解的梦，甚至是噩梦，因为成年人的内心冲突很多。

所谓"解梦"，就是"理解自己的梦"，解梦的重点是"自由联想"。你脑海里闪过的任何念头、不经过大脑评判的任何声音，都可以被称为自由联想。解梦的过程其实就是自由联想的过程。比如，你梦见了"蛇"，对此的自由联想可能是"男性生殖器"，可能是"恶心的东西"，可能是"母亲的性格"。这样的联想会让你发现内在小孩的一些特质，不必去思考这些联想的内容是否合理，或者是否被允许。

第五，不要忽略梦中一切荒唐的、匪夷所思的、看起来毫无意义的细节。我们知道，一部电影的完成涉及灯光、声效、配乐、情节设计、剪辑等等。很多梦也是这样"拍成"的。梦的加工过程包括象征、凝缩、置换等，在此不作赘述。

无论如何，梦里的任何细节绝不是凭空出现的，不能用意识思考它们该不该出现；相反，要重视一切"你觉得不应该重视的细节"。梦境的情节总会有隐晦的表达，总会把重要的事设计得很微不足道，也总会把欲望篡改得面目全非。

第六，要注意梦里那些典型的情节。如果你梦到下列情境，要有所重视，把对应的情境和内在小孩的感受联系起来。

①梦到故乡，梦到在那里发生的事情。（可能与你早年的经历相关）

②梦到孩子，不管是你在现实中认识的，还是不认识的，儿童或者婴儿。（可能是你内在小孩的象征）

③梦到父母，特别是梦到他们在你成长早期的模样。当父母有一方或双方已经离世时，如果梦到他们在世时的样子，或者梦到他们在你小时候时的样子，也要有所重视。（可能代表

你与父母的关系，或者你与领导、伴侣的关系，以及你的内在小孩身处这段关系中的一切感受）

④ 梦到死亡，梦到性。（可能代表内在小孩的窒息感、重生、亲密感和创伤体验）

⑤ 梦到各种各样的房子，比如木屋子、石屋子、城堡、高楼大厦等等。（房子很可能象征你内在小孩的私密空间，代表"心房"）

⑥ 梦到各种各样的植物。（象征内在小孩的各种特征）

⑦ 梦到印象深刻的动物。比如我曾经在同一个梦里梦见两条狗，其中一条非常可爱，是那种调皮的、有趣的、生机盎然的；而另一条是大大的黑狗，摸起来非常冰冷，就像是在摸冷血动物。我梦里的这两条狗，前者象征着我内在小孩温和、礼貌、积极的那部分性格，后者则代表了内在小孩冷漠、具有攻击性的那部分性格。

⑧ 梦到你认为无关紧要的人，特别是陌生人。"很奇怪，有一个人我平常都不怎么跟他说话，也不太有机会跟他有交集，但是不知道为什么，他出现在我的梦里。""我梦到一个陌生人，陌生到我几乎忘了他的样子，但是我又好像记得他的眼睛，是三角形的，非常邪恶。"这些出现在你的梦里让你觉得无关紧要、陌生的人，他们身上会有某种特质，或者他们在梦里会给你带来某种感觉，这些都与你的内在小孩息息相关。

第七，要特别注意以下这些特殊的梦。

下文罗列的这些梦之所以"特殊"，是因为它们可能是内在小孩写给你的"重要信件"——它们或是不断地提示你同一件事、引发你的同一种情绪，或是让你印象深刻、久久难忘，或是激发你强烈的难以自持的感受——你有必要更为重视。

①重复的梦。你也许每隔一段时间就会做同样的梦。当然，世界上没有完全相同的两个梦，就像世界上没有完全相同的两个人格，但是如果大概的情节设计、梦境感受都非常相似，那么我们就可以把它们看作重复的梦。

例如在电影《大话西游》中，周星驰主演的至尊宝多年来一直反复做着同样一个梦：他来到一个山洞里，有一个声音在召唤他，然后有一张纸被烧掉。这其实是他内在小孩在呼唤，是他的一个使命——他要保护唐三藏去西天取经。

②梦魇。俗称"鬼压床"，一般具有强烈的情感，而且伴有躯体反应，比如会大汗淋漓、呼吸急促、手心出汗等等。梦魇还有个特点，就是被梦吓到，甚至会被吓醒，醒来以后有种劫后余生的感觉，庆幸"还好是个梦"。有时候你再度睡着，还会接着做先前做过的梦。一般来说，梦魇和创伤有关。

③彩色的梦。一般人们做的梦都是黑白色的，有人从未做过彩色的梦。这里所说的彩色的梦，并不是常识范畴里的颜色，比如你梦到一枝玫瑰，你的第一反应是红色,这就不是彩色的梦,

而是你真切地在梦里看见了"红色"的玫瑰。彩色的梦不是指在梦中看见常识范畴里的颜色，而是在梦中明确感知到某个事物是以某种颜色的外表存在的。当你梦到某个彩色的东西，对你而言可能具有特殊的意义，可以作为进一步解梦的重要线索。

④ 梦里你看到的自己。也就是说，你被分割开了。在梦里，有两个或两个以上的自己出现，很有可能代表你人格的不同面。当然，这不是人格分裂，很可能是你不同面向的内在小孩。

⑤ 情感剧烈的梦。比如在梦里你感到特别害怕，就算醒来很久再去回忆，还是会不寒而栗，那么"害怕"这个情绪就尤为关键，可能是你的内在小孩在成长早期受到的伤害所导致的，譬如被暴力对待，而现在这种恐惧感通过梦境表达了出来。

⑥ 梦中梦。你在梦里梦见自己在做梦，又好像感觉到这只是一个梦，这就是梦中梦。梦中梦往往代表你内心的不同层面。

⑦ 多年前做过的、回忆起来依然印象深刻的梦。这很可能就是你内在小孩的渴望或者恐惧，并且到目前为止依然困扰着你。

二、如何记录、理解自己的梦

记录梦之前，要重视自己的梦。

重视是探索内在小孩最基本的前提。尽管有时候"重视"

会让我们觉得耗费了许多精力和时间，并因此感到疲累。但是如果你不重视一件东西，那么你永远无法真正看清它。举个便于理解的例子，我们在日常生活中会遇到各式各样的二维码，我们大多不会当回事，但如果被告知"扫码有奖"或者"扫码获取测试结果"，大多数人就会想要通过扫码来一探究竟。重视自己的梦，就相当于认识到我们脑中的"二维码"的存在。只有你重视自己的梦，学习去记录它，它才会有意义。

为了记录自己的梦，首先要进行一些自我暗示。"这几天或者今天晚上，我可能会做梦""我要记住做过的梦"，这样的自我暗示往往可以产生很好的效果，使你在醒来后能够记住梦里的一些情节。其次，试着用手机或纸笔记录自己的梦。如果你对梦比较感兴趣，是一个能做很多梦并且记得住很多梦的人，真的要恭喜你。

建议你准备一个本子，名字就叫"梦的日记"，专门用来记录"内在小孩的呼声"。另外，梦醒的时候先不要急着睁开眼睛。因为睁开眼睛的刹那间，现实世界就会扑面而来。如果你只做一个梦就醒了，这样的梦记录起来就特别方便；如果你做了一夜的梦，第二天早上醒来就会印象模糊、记不太清，这样的梦记录效果就稍微差一点。因此，我建议你梦醒的时候先不要睁开眼睛，继续闭着眼待一会儿，去回味、回忆梦里的一些细节，之后再睁开眼把它记录下来。为了防止忘记，可以先记录印象最清晰的部分，哪怕是一些关键词、几个关键句子或某个关键细节。

我有一些来访者，几乎在每次咨询中，都会讲到他们的梦。后来我和其中几位来访者说：我记录下了你的很多梦境，如果你对它们感兴趣，可以把关于这些梦境的文字打印出来，作为"梦的日记"。你可以像是读别人的故事，像是看玄幻小说或者科幻片一样，翻阅这个本子，感受一下作为旁观者的体验。你将发现，现在的体验和讲述梦境前的体验完全不同。这之间的差别其实就是你的心灵成长。我认为这是非常具有疗愈功能的，也是很有纪念意义的。

我经常会想，我们的整个人生，会不会其实就是另一个维度的自己所做的梦呢？当人生走到尽头，闭上眼睛死去的时候，会不会又是另一个维度的自己醒来的时候？之所以分享这样的感悟，是希望大家能够尝试用多维度的视角，去审视我们的人生、人性和人格，避免在个别细小的环节上苦苦纠缠。

记录梦是我们通过梦来探索自己的内在小孩的第一步，如何理解或者如何解读自己的梦才是关键步骤。我们在解读梦的过程中，需要关注以下几点。

第一，注意梦中的情感。

无论你做了什么梦，在梦里是觉得害怕、紧张、着急，还是羞耻，这些情感都很重要。醒来之后，你可以先继续闭着眼睛，体会一下这时的感受，然后试着这样联想——如果你在梦里感到害怕，那么害怕的是什么？整个梦带给你的感受又是什么？哪一种感受占主导？为什么会这样？

多发出一些联想，多做一些自由提问，对于理解自己的梦非常有帮助。

第二，特别注意一些细节。

比如，假设你在梦里看到路边有个不认识的人在看你，你没有停留，向前走去；又在路边看到一个人，也不认识，然后继续向前走。如果让我来为你解梦，我就会问你："你经过的那个人长什么样子？你对他还有印象吗？在梦里你有路过一棵植物吗？如果有，那棵植物是什么样子？"我会非常注意细节，特别是梦里的细节。假设你做完整个梦用了50分钟，只有一个细节令你印象深刻，那我们仅仅通过对这一个细节的自由联想和解析，就可以探索你的内心。

第三，给梦中的情状和念头命名。

如果要给这个梦取名字，你会怎么取？你又会给"导演"了这场梦的内在小孩取什么样的名字？你所取的名字，其实就是你对如何看待自己的归纳和总结。

第四，一定要展开充分自由的联想，无论是对过去的、现在的还是将来的梦。

每日作业——梦的日记

试着这样描述：

我做了这样一个梦……（请尽量客观，不加修饰地描述自己的梦）

当我回看这个梦，梦中的人或事，让我一下子联想到……

我给这个梦取名为……

在这个梦中，我感到……（描述你对于这个梦的情绪和感受）

这个梦可能想要告诉我……（梦境是内在小孩的呼声，你的内在小孩想对你说什么？）

作业展示：@小多

我做过一个梦，梦里有两个国家的人在大战，场面十分惨烈，尸横遍野。我所在的国家，同胞们一个个被敌国残忍杀害。敌国的人在全力追杀我，我手无缚鸡之力，无处可躲，感到紧张、无助、绝望，但到最后好像并没有被杀死。惊醒以后，我心有余悸。

过去，我从未审视过这个梦，但当我认真联想，突然觉得正在开战的两个国家，就好像是我和妈妈。妈妈的力量那么强大，我却手无缚鸡之力，被她全力"追杀"。

我给这个梦取名为"生死之战"。

在梦中，我紧张、无助，尤其是当看到同胞们被一个个杀害自己却又无能为力时，特别绝望。可能是内在小孩在通过梦境发出呼唤，她期盼我能够成长起来，勇敢地对妈妈说："不！"

◎ **注意：**

① 最好是最近做的某个让你印象深刻的梦。

② 尽量不要加工。如果你想要美化某个细节，那它就恰恰是这场梦的核心。

③ 写下来，大声读出来。

第五节
通过念头与身体探索内在小孩

我们把一闪而过的想法称为"念头"。

念头是梦的简化版，它更加简单粗暴，不仅能被我们意识到，有时候还能把我们吓一跳。当念头足够美好，比如这样的"白日梦""美梦"："如果我中了五百万的彩票，该怎么花这笔钱？"我们愿意花一个半个钟头来详细地思索，然后美滋滋地入睡——这种感觉是美好的，也因此不在我们的探讨范围之内。

在接下来的内容中提到的念头，我称之为"邪恶的念头"。之所以说"邪恶"，是由于我们的意识不能够或者不愿意接受这些念头。

"邪恶的念头"一般分为两种：一种是一闪而过便再也不愿意去回想的念头；另一种是强迫性地想要摆脱，但是又逃不开的念头。越是邪恶的念头，越表明内在小孩在试图引起我们的注意，让我们去探索内在。

一、如何通过念头探索内在小孩

"念头"几乎存在于我们醒着的任何时刻，它们如同满天繁星数不胜数。一个念头的闪过往往只在刹那间，有时候还会有许多念头在几秒之内大量涌现。但任何念头都会让人产生一些感受、情绪，有感觉好的、感觉不好的，有感觉无所谓的、感觉怪怪的，等等。

而需要引起我们重视的，恰恰是那些感觉"邪恶"的念头，我们并不想浮现这些念头，也不明白为何阻止不了它们。我们把这些念头视为洪水猛兽，意识上我们根本不认可也不喜欢，甚至厌恶它们，认为它们是邪恶的、无聊的、恐怖的、可耻的、羞愧的等等。然而，正是这些不好的念头，更能揭示你隐藏的欲望，它们是真实的，是内在小孩想要告诉你的，而探索它们、理解它们，就像解梦一样，是可以疗愈内在小孩的。

我大致把这类念头分为三个类别。

第一，伤害类的念头。可能是伤害别人，包括伤害亲人；可能是伤害动物，尤其是伤害弱小的生物；还有可能是伤害自己，比如有的人一站在高处就想跳下去；等等。

第二，**与死亡相关的念头。**常见的是诅咒仇人或者某些特别怨恨的人早点死去。但当我们诅咒的是自己的亲人时，这样的念头就会格外让人难以接受。比如我曾经的一位来访者，他的父亲生病住院了，在照顾父亲的时候，他突然闪过了想让父亲早点死去的念头。这种可怕的念头有时候会吓到当事人自己。还有人会幻想各种死亡的方式，甚至会筹划一些死亡的细节，像是在幻想层面为死亡做准备。

第三，**与性相关的念头。**很多时候是关于性侵害的，包括性侵他人、被人性侵、猥亵、强奸、性幻想、自慰幻想，甚至是乱伦幻想等等。特别是当性幻想的念头指向亲人、父母甚至子女的时候，对当事人的冲击是巨大的、可怖的、极端羞愧的。

事实上，不用过于担心和自责，要允许这些"邪恶"念头的浮现，越是不能接受的，其代表的含义越是与念头本身无关，而是变相提示你需要改变某些关系模式了。下面我简单概括一下当我们浮现以上三类念头时，内在小孩是在告诉我们什么，这些念头有什么意义和价值。

第一，与亲密关系相关。

内在小孩可能想告诉你，他受不了某种亲密关系，提示你反思自己的亲密关系，并加以改善。

一般来说，令人不舒服的关系有三种。

① 过于纠缠的关系

这种关系使你不得不强迫自己振作精神。为了维系这段关系，你需要付出大量的精力与时间；或是你想要竭力摆脱这种关系的束缚与控制。那么你很可能就会做一些相关的梦，或者浮现一些相关的念头，比如父母对你过于控制苛责，有时你会闪过希望他们死去的念头；比如你对孩子过于依赖，偶尔就会浮现担心他出车祸的念头。

② 过于疏远的关系

这种关系使你很少愿意和对方沟通交流，根本不知道对方在想什么，也不知道该如何去指望或者依赖对方，更不知道该如何改善这种局面。你可能就会浮现让对方消失的念头、自己被抛弃或死亡的念头。我有一位来访者，她曾在一瞬间浮现了和父亲做爱的念头，这令她恐怖不安，后来经过分析得知，她的父母在她十岁的时候离异，她跟着母亲，经常会想念父亲，对父亲充满了仇恨与思念夹杂的复杂情感，她的这个念头可能代表了内在小孩想要靠近权威异性的愿望。

③ 某段重要关系的失去

当你在某段关系中有过丧失体验，并且没有完全从当时的痛苦里走出来，就会出现各种念头，提醒你当时没有完成的一些体验。比如，有人会不由自主地担心亲人出车祸，仅仅是这样想一想，就感到强烈的悲伤和害怕，很可能这种悲伤与害怕，就是他在成长早期亲人去世后应该有的感受。只是在当时，由于突发事件对他的冲击过大，情感难以及时产生，或者他压抑了情感，没有允许自己充分地表达出来。

第二，与自己的关系。

本质上，这些念头是在提示你与自己的关系，比如上述三种与亲密关系相关的议题。到最后你会发现，其实是你不能接受过于纠缠、过于疏离的关系，在其中你十分委屈、憋屈，想要逃离或者改善这种局面，因此念头在提示你需要重视自己在关系中的各种感受，理解和善待自己的内心和内在小孩。

同理，对于有过丧失亲人体验的人，这些念头也是在提示你与自己的关系，不要过于压抑，要懂得释放情绪、表达悲伤。

若你有想跳楼的冲动或者任何自杀的念头，都在表明你对自己不仅不接纳，还十分痛恨，甚至觉得自己不配活着——你对自己太严苛、太贬低了。

第三，为了满足内在小孩的掌控感和某种愿望。

"邪恶"念头会引发你的情绪和行为，也会给你带来诸多启发和思考，最终实现内在小孩的某种愿望。

① 回避和打压。比如你浮现了担心孩子出交通意外的念头，心中顿时感到恐慌无比，想赶紧转移注意力，忙于别的事情，好让自己别这么想，有时候你也会强烈自责——"作为父母我居然诅咒孩子，我真该死，我真不是人"之类。

②反思。我怎么能这样想？我为什么会有这种念头？最近发生了什么让我这么担心孩子的安全？我这么想的意义在哪里？——这样的反思是积极的，因为可以有效地让你思考亲子关系，思考孩子的行为，思考你最近的心情。这些思考会让你越来越接近自己的内在小孩，从而更加理解自己。

③潜意识的掌控与满足。这些可怕的念头是"我"自己制造的，不是别人，我才是这些念头的"导演"，但凡是主体主动制造的，就是可控的。我们会通过各种忏悔、自责、自我安慰和自我惩罚的方式来消除恐惧，最终获得心安，会想"原来都是我自己吓唬自己，不过是虚惊一场啊"。

比如担心孩子出意外的念头，最终会让你有一种劫后余生的感觉，当下孩子是好好的，十分安全和健康；你的念头是不符合事实的，因此你满足了这样的愿望："我还与孩子在一起，我要好好珍惜，我要好好对待他。"再比如担心父母死掉的念头，潜意识可能满足了你对他们的憎恨，对他们的攻击和报复，因为他们对你实在太糟糕了，你恨不得他们死掉，这样你就通过念头"杀死了"父母，好像你在想象层面掌控着对父母的生杀大权，尽管副作用是你的愧疚感。又比如你担心自己出车祸这类念头，代表你对自己的憎恨和不满，通过念头让自己死掉，这样的"惩罚"缓解了你的罪恶感。

明白了上述道理，对于所有"邪恶"念头，你都可以放心让它们闪过，不必因为自己有一些不好的念头而过度焦虑，就算你做不到欣然接受，也没有必要去压抑，更没有必要给自己冠上各种罪名。

你需要做的，就只是通过这些念头来探索内心、反思关系。但你要提醒自己：这些念头绝不是简单的一闪而过，它们就像梦的谜面一样，需要你去找到谜底，而谜底的存在，是为了提示你反思关系，以及反思你内心对待自己的方式——这才是"邪恶"念头给你带来的最终意义。

二、如何通过身体探索内在小孩

梦和念头是"形而上"的，我们看不见也摸不着它们。但是我们能够触摸到自己的身体，也能具体直接地触碰到性，身体和性相比梦和念头来说更原始也更具象。

于是，探索身体表现就成了非常有意义的探索内在小孩的方式。这里需要先了解一个关于身体表现的概念——躯体化。

有些身体上的疾病和障碍，在医学层面检查不出原因，医生针对症状开药，只能做到治标而非治本。心理动力学给这样的身体疾病取了个名字，叫"躯体化"，认为它是一种防御机制。

举个我母亲的例子。我每次带她回老家，她的嘴角都会发炎，过了三四天就会缓解，她自己也不明白为什么会这样。其实我知道原因。不同于其他人对故乡怀有深深的情感，希望叶落归根；对我的母亲而言，家乡全是一些痛苦的、不堪回首的往事。因此一回老家，她的内在小孩就会被激活，但是她又缺乏对这部分情绪的认识，最终通过身体来代偿：嘴角"起火"。这好像是母亲的内在小孩在揭示她内心的难过。

在我的咨询实践中，很多"躯体化"最终是靠探索内在小孩并进行疗愈来化解的。一旦修复了内在的部分，就不必用身体来表达了。

容易出现"躯体化"症状的人群常见于以下两类。

第一类是孩子。

因为孩子的语言能力、反思力和对内在的觉察力都还比较弱，又因为其身体还处于成长早期，没有足够的力量去反抗和表达，所以不得不使用身体语言。

比如，有的孩子一听到要上学，就会出现肚子疼、头疼等各种身体不适的症状。这些孩子到了学校门口，会疼得越发厉害。他是真的疼，并不是装的，到医院检查没问题，回家就不疼了，再上学又开始疼。我们可以很明显地看出他对上学的厌恶，对被控制的反抗，他在使用各种拖延方法发现无效后，就会使用"肚子疼"这一"躯体化"症状来表达心情。而一旦解决了他在学校里的困惑，这一症状就会消失。

第二类是内心冲突特别大的人。

这里说的内心冲突，指的是意识与潜意识的冲突。通俗的理解就是：我们是要做自己还是去迎合他人的标准。也可以说是"我愿意怎么做"和"我觉得应该怎么做"之间的冲突。当冲突足够大，大到不能承受的时候，人们就会通过"躯体化"来表达。

比如，有个人特别喜欢摄影，可他的父亲不允许他搞摄影，非要让他去考事业单位。考事业单位要经过两轮面试，但是在这两轮面试期间，他都生病了，发烧到40℃，最后不得不放弃面试。表面上看来，他没能完成面试，应聘失败了，但实际上是他的潜意识通过让身体发烧，取得了内心意愿上的成功。在这个过程中，他面对的冲突非常明显：我是"要做自己喜欢的摄影"，还是去"做父亲希望我做的工作"？当冲突大到一定程度，"我病倒了"就成为拒绝被父亲控制的充分理由。

依据当事人的主观意识，使用身体来表达内在小孩的意愿，通常分为以下两种情形。这里的主观意识指的是"他是否清楚自己正在使用身体表达某种内心需求"。

第一种情形，被动使用身体。

在这种情形下，当事人并不清楚自己的身体是在为内心发声，而是真的认为就是身体出了问题。

比如，在前面的例子中，喜欢摄影的那个人确实发烧了，但他并不想意识到"原来我发烧是为了对抗父亲"。尽管身体在发烧，感到难受，头晕头疼，浑身无力，但是他的内在小孩是在窃喜的，通过让身体痛苦，内在小孩的愿望得到了满足。

很多胃疼的孩子屡次去医院检查都无济于事，因为他和他的父母并不知道胃疼是内在小孩对于去学校的反抗。

这类情形还常见于"意外伤害"。比如，我有一位来访者，当他的每段恋情发展到结婚阶段的时候，他就会发生骨折或是被撞伤。俗话说"伤筋动骨100天"，他都因此耽误了婚期，最终没结成婚。他不明白自己为何一到关键时候就"掉链子"，后来通过探索得知，他的内在小孩不愿意和父母分离，更别提结婚了。

在很多意外事故中，如果当事人能在某个环节上稍微注意，就可以避免在事故中受到伤害，但他却无法避开，因为他不清楚内在小孩真实的愿望。这种情况非常危险，作为心理咨询师，就需要让这类来访者看到自己的真实需求，从而避开很多没必要的伤害。

第二种情形，主动使用身体。

在这种情形下，当事人大致清楚自己的身体是为内心发声，也知道这么做会对健康造成损害，但就是无法控制，因为对他们来说，虽然身体受累了，内心却获得了满足。

比如非正常进食。有人暴饮暴食，因为过度摄入食物而发胖、呕吐、腹泻、胃胀、胃痛等；有人一会儿吃很冷的，一会儿又吃很热的；有人疯狂节食，进而厌食——总之，通过各种途径让胃产生各种不适的症状。他也知道这样吃会损伤身体，但是他不得不这样做，以让自己获得某种满足，比如缓解焦虑、缓解压力、引起关注等。

我有一位来访者，一到下雪天，他就会穿着很单薄的衣服跑出去，躺在雪地里，直到自己浑身打哆嗦、感冒发烧，他才会满足。他也会在下大雨时跑出去淋雨，在天冷的时候冲冷水澡，等等。这些都是在利用天气来协助自己生病。他知道只有自己生病了，父母才不会外出打工，才会陪在他身边各种关心、照料。

对于这类情况，需要让他感受到有人关心、被人爱，而不必非得通过让自己生病的惨烈方式引起关注、获得爱。

必须强调的一点是，所有的身体症状都是让我们的内在获益的。比如，虽然你骨折了，但是你通过病痛得到了某些"好处"。说起来很悲哀，但这确实是内在小孩保护自己、吸引关注、引来重视的方式。

而同样的身体症状，对不同人的含义也是不一样的。比如，呕吐对一些人意味着压抑，对一些人又意味着愤怒，对另外一些人则意味着羞耻。再比如胃疼，有的人可能是依赖性疼痛，有的人可能是因为缺爱，有的人可能是因为被严重控制，有的人可能是因为觉得自己太孤单。胃的满足感是通过进食来实现的，进食和原始的爱非常相似，所以说胃出现问题很可能和爱的缺失有关。

还有皮肤起疹子、瘙痒、长痘等，特别是突发的、过敏性的问题，也要引起重视，这些往往也和关系有关。皮肤是我们与外界接触的屏障，如果关系出了问题，也就是边界出了问题，有可能会通过皮肤表现出来。比如，我有一位来访者，她一旦和老公发生性关系，身上就会起疹子，久久不能消退，这就是内在小孩在提示她与老公的关系出了问题。

关节类的疾病，比如膝关节炎、腰关节炎、颈关节炎等，往往意味着当事人的个性太强硬了，内在小孩不得不通过让他的关节受损或者失灵，好让他慢下来。我本人曾经在很长一段时间内，每隔几个月就会腿疼不能走路，只有在床上躺平几天才可缓解。这就是我的内在小孩在提示我不要给自己过度的压力，别着急，要慢一点，对自己宽容一点。

还有一些内科方面的疾病，非常隐晦，需要探索很久，才能够同内在小孩关联起来。还有很多症状与情绪相关联已经成为常识，我们很容易有所察觉，比如生气和血压有关，急躁和头疼有关，憋屈和胸闷有关。

值得注意的是，一旦被探索出和内在小孩有所关联，有些症状会立马缓解。

比如有位男性，因为受不了老婆的唠叨——他的老婆就像唐僧对着孙悟空念紧箍咒那样，随时随地唠叨，躲也躲不开——短暂性失聪了。不管老婆说什么，他都听不见。他自己也无法解释。后来发现是老婆的唠叨所致，他就没有再犯过这病。

再比如一位女性，在很小的时候，看到过几次父母发生性关系的场景。在那个年代，有时候父母因为居住环境或者意识问题，在这方面并不避讳孩子。她不能明白父母的行为，觉得非常恶心，直到现在，她一谈到跟性有关的事情就会想要揉眼睛，甚至有时候和老公发生性关系后会睁不开眼睛，她说感觉就像"有一万粒沙子在眼睛里跳舞"。可想而知，她有多么难受。后来她得知，这是因为不愿看到父母做爱的场景，不接受自己认为性是肮脏的、下贱的、可怕的。在意识到这种关联之后，她揉眼睛的症状也就消失了。

无论是被动表达、主动表达，还是意外事故，内在小孩试图通过身体告诉我们的信息往往包括以下几点。

第一，对冲突的妥协。当你面临既要照顾别人的需求，又要满足自己内在需求的冲突时，内在小孩就会让身体出现问题，表示对冲突做出的妥协。

第二，提示你在关系里受到的压迫感很强。当你在某段关系里的空间被一而再再而三地压缩，你感到越来越无法喘息时，内在小孩会暗示你的身体出现问题，以此来表达这种压迫感。

第三，试图转移你的注意力。如果你骨折了，就会把精力放在疼痛和休息上，从而暂时放下工作繁忙带来的压力，放下别人对你的高需求和高期待，以及你对自己追求完美的苛刻要求。

第四，身体出现问题是压抑内在小孩的表现。内心压抑多年，一直找不到合适的途径和方法去宣泄内在小孩的真实情感，一定会在身体上表现出某方面的问题，这是一个量变引起质变的过程。

我们可以通过身体的表现来更好地探索内在小孩想要传递的信息，但具体该如何操作呢？可以参考以下三点来进行尝试。

第一，高度关注身体的不适感。比如把你所有的精力倾注到疼痛的部位去感受，如果疼痛会说话，它在告诉你什么？

第二，围绕疼痛自由联想。你所有第一直觉联想到的东西，都和疼痛有关。

第三，对身体表达感谢，感谢内在小孩通过身体替我们表达心声。无论内在小孩通过什么方式进行表达，都是在替我们承担。

每日作业——理解"邪恶"念头和身体语言

①"邪恶"念头。

你有过"邪恶"的念头吗？详细描述一下这个念头，它要表达什么？展开联想，找到"邪恶"念头的意义和价值。

②身体语言。

关注身体的疼痛部位，感受这种不适。如果疼痛会说话，它想要告诉你什么？展开联想。对身体表达感谢，感谢它替我们承担了这份痛苦。

作业展示：@小绿

①"邪恶"念头。我一直觉得妈妈重男轻女。有一次跟妈妈聊天，说起了她从前的一些偏心的行为，并且表示不满，结果被她劈头盖脸地一顿数落。我当时就有个邪恶的念头闪过：你这样对我，老了以后别指望我，去靠你的宝贝儿子吧！我照顾妈妈只是出于责任，并非心甘情愿，可能因为她给了我很多伤害。从我小的时候，她就给我贴了很多负面标签，说我是一个冷酷无情、什么都做不好的人。

　　② 身体语言。我患有颈椎劳损，后颈有一块骨头特别突出、僵硬。我想象它是在对我说："亲爱的，你的身体绷得太紧了，放松一点。那么长时间里，你总是在意别人的眼光，习惯把所有责任都自己扛着，从来没有考虑过身体的感受，我很心疼你，对自己好一点吧，别这么犟着了。""亲爱的身体，感谢你这么多年陪着我，不离不弃。我所有的想法，你都替我完成。以前我不懂照顾你，很任性地使唤你，让你受过很多伤害，对不起，谢谢你！今后我会多倾听你的声音，关注你的感受，我们一起健康地走完以后的人生吧。"

第二部分
内在小孩的几大类型

　　相信你已经与自己的内在小孩"会面"了。接下来，你可能会更加关注他有什么规律和特点，是如何形成的，对你的现实生活究竟有着怎样的影响。

　　尽管每个人的内在小孩都很独特，就如世界上没有完全相同的两片树叶，但大量的临床心理咨询实践发现，内在小孩还是有一定规律可循的。

　　"我们是相似的，成长的路上你我并不孤单。"——理解内在小孩的类别和规律，有助于你更进一步靠近他、安抚他、拥抱他，为滋养内在小孩做好充分的准备。

　　在心理学领域的不同流派里，内在小孩的名称是不一样的，同时因为分类依据的不同，分类方式也会有所不同。（如果感兴趣的话，可以通过以下链接中的测试题，来测试自己的内在小孩类型：http://t.euzke11.top/cp/342/747。）

　　但是，我们需要注意，不同分类方式的本质是一样的，都是让你知道：你的内在是有一个小孩的，他其实就是你本人，是你的一部分。另外，不同的成长环境、不同的养育者、不同的养育方式，塑造出的性格和人格是不同的。成长环境、养育者、养育方式是各种类型的内在小孩形成的原因，所以对应的名称也会不同。而且，内在小孩是会变化的。比如在不同的成长阶段，内在小孩的状态是不同的。

每个人的内在小孩都有美好的一面，可以是纯真的、坚强的、倔强的、善良的、独立的、自由的、幽默的等等，都是成长性的特质。如果内在小孩只是在强调创伤，那么人是不可能长久活下去的。我们只是把重点放在了创伤层面，因为美好的东西只要享受即可，不需要过多分析。

在本部分，我们根据养育底色、重要事件把内在小孩分为三类，分别是忽视型、捆绑型和虐待型。切记整理内在小孩不是为了让我们困在过去，而是为了让现在的养育更加有针对性。

当然，这绝不是说一个人的内在小孩只能被单一归类。我们的人格是有非常多张"面孔"的，这也就意味着会存在非常多的冲突。如果你受到了伤害，你的内在小孩可能是几种类型的混合体，甚至超出上述三种类型。当某种类型所占的比重比较大时，造成的冲突也会比较多。而在分类依据中，养育底色更为重要，养育底色就是你整个成长早期的生存环境、经历、被养育的方式等。在精神分析领域，有一个最基本的假设，就是我们成长早期的经历会一直影响至今。我们探索内在小孩的起因，给内在小孩分类，并不是为了回到过去，困在那里，而是为了让自己清楚那个时候发生了什么，从而能够更有针对性地对内在小孩进行重新养育。

为了便于理解，可以通过画圆圈的方式来直观地表现内在小孩的三种类型，及其形成原因。

首先是忽视型内在小孩：大圆圈和小圆圈的距离比较远，甚至有的小圆圈压根看不到大圆圈。

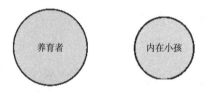

其次是捆绑型内在小孩：大圆圈吞噬了小圆圈的一部分，不同人被吞噬的比例是不一样的，甚至有的会被全部吞噬掉，也就是小圆圈被大圆圈完全覆盖了。

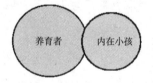

最后是虐待型内在小孩：大圆圈带着长短不一的刺，靠近小圆圈的时候可以直接刺进小圆圈的内部。我们可以想象，小圆圈被刺得伤痕累累、残缺不全。

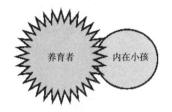

这两个圆圈还可以用来表示你与内在小孩的关系，你的亲密关系，等等。

判断内在小孩受伤的程度取决于被对待的频率、被对待的程度以及被对待的年龄段这三个因素。比如同样是被打，是每天被打，还是一个月被打一次？这是频率。每次是暴打，还是拍几下，这是程度。被打的时候，当事人是3岁还是13岁，这是年龄段。这三个不同的因素，致使内在小孩受到不同的创伤。

接下来，我们将逐一探讨、了解这三种类型的内在小孩。

第一节
被忽视的内在小孩

那些拥有被忽视的内在小孩的人们在孩童时期也会感受到开心、幸福，会有一些充满安全感的时刻，但是在他有关成长早期的回忆里，被忽视的感觉占的比重更大，也更强烈。

一、被忽视的内在小孩的形成原因

第一，成长早期与父母关系的疏离。

成长早期与父母的关系比较疏远，缺少来自对方的爱护，被冷落、排挤，不知道该对谁抱有期望。需要注意的是，这里所指的被忽视的感受，是心理现实，不是物理现实。比如，有的父母虽然每天都在孩子身边，但他们重视的是物质、金钱、孩子的成绩，或是其他身外之物，并不看重孩子的个人需要，也不会去建立亲子之间必要的沟通，让孩子有了被忽视的感受。

相反，有的父母经常出差，和孩子的物理距离比较远，但是在孩子心中，父母的形象是非常饱满、亲近、可靠的。可能是因为每次和父母见面，他都能感受到满满的爱意，或者在见不到父母的时候，也会经常相互打电话、发视频，这样的父母和孩子的心理距离是相近的。

第二，成长早期有过被抛弃的经历。

在孩子成长早期没有生存和选择能力的时候，父母无论出于什么原因，做出了"抛弃"的选择，对于孩子来说，这种伤害都是十分巨大的。

比较典型的例子是，父母外出打工，孩子被寄养在爷爷奶奶、姥姥姥爷或是其他亲戚家。在20世纪60至80年代，不少地区还有过继的现象，即把自己的某个孩子过继给没有孩子的亲戚或熟人。

再比如，父母有一方过世，或是得了重病，无法照料孩子，家里雇了保姆，或者把孩子托付给别人轮流养育，孩子在这家待几天，上那家待几天，吃"百家饭"长大；甚至有的父母选择直接抛弃，把孩子送人或者作为某种交易品换回好处；再有，就是被可恨的人贩子拐卖；等等。

需要注意的是，有研究证明，寄养家庭不见得一定比原生家庭糟糕，有的寄养家庭的养育者对孩子尽到了应尽的责任。有的孩子在原生家庭遭受了虐待，寄养家庭的养育者对其人格塑造反而起着更为重要的作用。

事实上，被忽视的内在小孩与本人的内在感受息息相关，十分个人化，大家可以大致上依据以上因素来探索自己，重点是回忆里的感受，如果回忆中浮现的多是一个人孤孤单单的状态，或者觉得很少有人关心你、理解你，尤其是你遇到困境的时候——这往往说明你的内在小孩很可能就是被忽视型。

二、被忽视的内在小孩的外在表现

被忽视的内在小孩的外在表现具体有三个层面：物理层面、潜意识层面和意识层面。

物理层面：与他人保持距离。

这是被忽视的内在小孩最明显的表现，特别是在青春期、青年期的时候，这类人会疏远很多想要靠近他的人。而与他人保持距离，往往会给人留下他们高冷、不合群的印象。

拥有这类内在小孩的人喜欢独自面对任何事，不喜欢麻烦别人，也不喜欢被别人麻烦。他们表现得很独立，觉得依赖别人、有求于别人，是懦弱的表现，甚至是可耻的表现。依赖别人会让他们觉得有很大的压力，他们要证明自己是可以独自活下去的。在很多时候，这类人还喜欢独处。当然，我们不可否认，独处是有好处的，能够激发人的独立思考能力和创造力，培养独立生存的能力。

而且，这类人能够非常专注于自己的世界，哪怕是幻想层面的世界。有很多创造者、艺术家都是喜欢独处的人。孤独的时候，他们也许会有无人依靠的感觉、无人懂得的落寞感，有时他们会享受这种孤独，有时他们又会感到难过。而人在享受独处的时候，其实正是被忽视的内在小孩最能够表达自己真实情感的时候。

潜意识层面：用理性和逻辑思维来隔离内心的真实情感。

这类人往往比较理性，看起来比较冷静、沉默，不喜欢出头，喜欢做旁观者，不会出于冲动做事情，甚至欠缺行动力。他们做任何事情都会考虑再三才行动，甚至不行动。而且在行动之前，他们会计划得非常缜密，不喜欢计划被破坏，如果计划被破坏，或者突然发生意外的变动，他们会非常不安、非常惶恐或是暴怒，甚至会把事情强行中断，然后逃离。

意识层面：认为关系本身是疏离的，没有人能理解自己。

这类人会对别人的主动靠近有很多疑虑，因为他们的信任感比较低——"对方不可能真的懂我，和我交往是不是有其他想法？""就算是交往也不可能持续发展，我没法给对方真正想要的，对方也给不了我。"来自别人的期待对他们来说更像是压力，他们会想尽一切办法逃避对方的靠近。

他们即使结婚了，也会认为婚姻关系是某种任务或是义务，觉得应该这样做或那样做，甚至会敷衍地对待婚姻关系，很少能有发自内心的爱恋的感觉。他们的伴侣可能就会觉得，好像从未真的走进过他们的内心。

这三个层面的被忽视的内在小孩的外在表现，对应的内在心理学逻辑是：关系一旦靠近，就会有被忽视、被抛弃的危险，所以亲密关系不值得拥有；与其被动地被抛弃、被忽视，不如一开始就主动保持距离，主动疏远；没有开始，也就不会有结束。

三、如何疗愈被忽视的内在小孩

被忽视的内在小孩的最大渴望其实是稳定的、被重视的、被爱的感觉。这种感觉对他们来说太过陌生，他们将这种渴望深藏在内心，外在的表现常常与内心相反。他们需要反复地验证和体验这些对他们来说"不敢相信"的新鲜感觉，才可以慢慢地敞开心扉，进而会产生深深的依恋感与亲密感，享受随之而来的幸福感。因此，疗愈被忽视的内在小孩的方法，就是让他反复体验：靠近他人，与他人建立亲密的关系，也是可以不被抛弃的。

以下为疗愈被忽视的内在小孩的三种方法。

第一，允许并接纳自己所有的表现。不要用外在表现和错误认知打击自己，要知道，如果没有这些表现，你内在的恐惧可能就会暴露，而这其实是内在小孩以你惯用的模式和习惯保护着你。

第二，尽可能地去靠近被忽视的内在小孩。也许他缩在你内心的某个角落，不想被你发现；也许他拒绝你的靠近，就像你拒绝别人的靠近；也许他只能远远地看着你……但是你要清楚，他是渴望亲密关系的，他首先渴望的不是别人的靠近，而是你本人的靠近。

第三，去挑战在现实里走进一段关系。如果别人主动靠近，你不妨尽量扭转一下曾经的模式，尝试接受别人的靠近，敞开心扉向对方表达需求。

需要注意的是，在整个疗愈被忽视的内在小孩的过程中，你要保持以往的独立感和孤独感这些内心的"珍宝"，好好地加以珍惜。

你还需要暗示自己：你是可以接受一段关系，并且靠近一段关系的。当然，可能你已经经历了几段因为你的疏离而反复纠缠的关系，你有时也会十分依赖对方，然而还是无法维持稳定持久的关系，对方开始远离你，你也会用熟悉的方式疏远对方，对方感受到后可能又做出"反击"……如此反复，加重了你"无

法相信他人"的感觉，你也因此越来越失望。但请不要让这些
经历阻碍你成长的脚步，即使会冒很多风险，但那又怎么样？
继续练习吧，人生本来就是未知的，也因为未知，才会有更多
的期待，不是吗？

每日作业——疗愈被忽视的内在小孩

"靠近疏离的内在小孩"

这个作业需要我们画出来、写出来、说出来：脑海中浮现他的模样、年龄，在什么地点、什么场景？周围都有些什么人、什么事物？那天的天气如何？他印象深刻的东西是什么？他有着怎样的感受？他在害怕什么？他的期待是什么？

你尽管去想象那个画面，不用太着急，他可能不过三四岁，或者七八岁，刚开始的时候请慢慢靠近，微笑着走向他。

你能满足他的期待吗？你要对他说些什么？现在就说出来吧，轻轻地、温柔地、坚定地说，注意观察他的反应，如果他想哭，就让他哭吧，你可以走得更近一点，抱一抱他、拍一拍他。

他还有什么其他的期待吗？或许他需要你替他发出点声音，要你对抛弃他的人、忽视他的人说点什么。那就答应他吧，现在就做。先不要期待对方会给你什么回应，你只管抱着他，看着曾经抛弃、忽视他的人，告诉他们你想说的任何话。

离开他的时候告诉他，你还会回来的，在他害怕、孤单的时候，你就会出现，就像今天一样。从今以后，没有人可以再抛弃他，你会始终保护他，与他同在。

作业展示：@小绿

我印象最深的小时候的场景，是在一个冬天的晚上，七八岁的我——毛宝——和妈妈、哥哥围在桌旁，一起烤火，我跟哥哥在做作业，当老师的妈妈在备课。哥哥嘲笑我作业做得慢，妈妈也跟着笑，说我反应慢。我当时心里很不舒服。现在回想起来，被家人嘲笑的感觉好难受。我知道他们不是在排挤我，或许只是觉得好玩或者好笑，却让我有被嘲笑的感觉，我只记得他们的嫌弃，我害怕被妈妈抛弃。

我想象着靠近毛宝，把手轻轻搭在她的肩上，搂住她。

我想对她说：毛宝，他们那么对待你是不公平的。你作业做得慢，是因为你想做得更好；你反应慢，是因为你把精力集中到别人的评价上去了。很多事哥哥做得比你好，只是因为他比你大了四岁，练习过更多罢了。

毛宝，我知道你很在意家人对你的评价，希望他们看到你的优点，肯定你的努力，希望他们不要老是取笑你、否定你。我想对你的妈妈说：不要再否定你的孩子，你让她觉得，同样是你的孩子，哥哥的待遇要好得多。你总以哥哥作为标准，去比较小得多的妹妹，这对她不公平。你知道吗？她是一个有自尊心、想要让自己变得更好的孩子，你的批评和否定，会毁了她的自信。

亲爱的毛宝，能陪着你回到那个让你挫败的场景，我很高兴。在你不开心的时候，我会陪着你，希望能让你感觉好一点。我保证，以后会经常来看你，没有人能忽视和抛弃你，因为我与你同在，我爱你，我有能力保护你。你就跟不愉快的人和事说"拜拜"吧。

第二节
被捆绑的内在小孩

你可以想象一下：被捆绑是什么感觉?

我们在前面的内容里，分别用大圆圈和小圆圈来表示养育者和内在小孩之间的关系。"捆绑型"关系就是大圆圈与小圆圈靠得太近，一点一点吞噬小圆圈，甚至全部吞噬掉。具体的表现可能有以下这些：对方非常严厉地对待你，甚至非常苛刻、挑剔，对你有很多否定、指责或者索取，甚至是羞辱；你的一切都好像被对方牢牢地控制住了。若你出现这样的感觉，那就说明你的内在小孩被捆绑住了。

一、被捆绑的内在小孩的形成原因

事实上，在前文划分的三类内在小孩中，被捆绑的内在小孩的占比可能最大。这和每个个体成长早期的养育背景有关——一般上一代养育者的生存条件、环境、所处的年代，以及他们的文化教育水平，可能都不如下一代。这也就是被捆绑的内在小孩形成的具体原因，我们将其概括为两类。

第一类原因，养育者的内心积压了委屈和怨恨。

比如，可能受父辈重男轻女思想的影响，养育者（母亲）从小就积压了许多委屈和怨恨，容易无意识地对身为弱者的孩子宣泄这些情绪。她可能并不想暴力地对待自己的孩子，但会不自觉地捆绑、严厉、挑剔地对待孩子，让孩子产生近乎窒息的感觉。

在这种情况下，"受着伤的下一代人"就需要试着去理解父母：他们为什么会那样对待我？他们其实也非常艰难……但是，除了试着去理解父母，我们更需要站在自己的立场——不管父母的过去有多么艰难，父母的成长背景具体是怎样的，父母的养育者曾经给了他们怎样的感受，只要父母这样对待我，我就感觉是被控制、被捆绑的，我就会感到不舒服。

如果你没有站在自己的立场上，而是一味地受到继承而来的"道德框架"的影响，为父母开脱，那么你和父母之间的亲情就可能沦于虚假，无法发自内心。只有理解了自己，你才会发自内心地和父母靠近。

第二类原因，家庭成员之间的生活太过交融，边界意识非常模糊。

这种家庭模式最突出的特点是，上一代人很容易寄望于孩子，让孩子满足自己的需求、标准和感受，想让孩子完成自己没能完成的目标。

比如，有的父母没有考上名牌大学，就会要求自己的孩子考上名牌大学，为家里撑起"门面"。如果孩子如他们所愿考上了名牌大学，父母表露出来的开心中也许有部分是真心为孩子的前途感到欣喜，但实际上更大的比例是在为自己感到高兴，因为孩子替他们完成了某种使命。

再比如，在饭桌上，有的爷爷奶奶会一个劲儿地把他们认为好吃的东西往孩子碗里塞，看着孩子狼吞虎咽的样子，他们的心里美滋滋的，甚至嘴也会跟着嚼。这是很明显的投射。可能在过去他们的年代，物资非常匮乏，吃不上饱饭，因此他们会把自己的需要当作孩子的需要。

不管是哪种原因，被捆绑的内在小孩的感觉都是：我是被控制的，吃什么、做什么，一切都是别人说了算，我完全没有自我；他们只想让我活成他们想要的样子。

被捆绑的内在小孩非常普遍，可能是由于社会各方面的竞争，人与人之间过于攀比，大多数家庭里都会存在被捆绑的内在小孩。

另外，很重要的一点是，被捆绑的内在小孩早期的养育者的特点并不明显，他们往往不是旁人一眼就能看出的控制型的父母，而通常是隐晦的、不易觉察的，甚至是以爱为名义的，养育者本身可能也无法察觉自己的教养方式是多么控制和捆绑，因此，大家也有必要简单地了解一下隐形的捆绑式养育者。

第一种，牺牲型。养育者会让你觉得，他们忍受所有痛苦，都是为了你好，如果没有你的存在，他们可能会过得更好。这是一种隐形的控制，会让孩子背负巨大的愧疚感——要感恩、报答养育者，要按照他们的需要做，否则便是辜负了他们。这类养育者的捆绑最常见也最无奈，总会让孩子觉得亏欠，要去偿还父母的"恩情"，就连孩子本身也不愿意识到父母其实是在控制自己。

第二种，自虐型。无论发生什么事，养育者都不会去怪孩子，而是强烈地谴责自己，千错万错都是自己的错。这其实是在以示弱施加操控，要么使孩子不敢依靠于他们，从而自发地坚强、成长起来；要么使孩子畏惧出错，抗拒冒险，活得越来越小心翼翼。自虐型的养育者很容易激发孩子的拯救情结，这样就颠倒了家庭秩序，本来处于被照顾位置上的孩子反而变成了父母的照料者。

第三种，**溺爱型**。一切都围着孩子转，对于孩子的任何要求都满足，这其实是养育者在以纵容、溺爱的名义施加控制。这一类养育者的孩子会很受用。比如我有一位来访者，她已经结婚了，但在生活中还是很依赖父母，很享受那种被当作公主般对待的感觉，任何家务甚至连接送孩子都不用做，更无法承担自己小家庭的责任，与老公的关系疏离。这其实是被父母"绑架"了，无法独立去过自己的人生。

第四种，**威胁型**。养育者会经常让孩子感到，如果不按照他的想法做事，孩子就会有危险，就会被惩罚。比如语言恐吓，成绩不好就不让玩耍或者被冷眼对待，时间久了，孩子就会胆战心惊，时常处于过分紧张的状态，只有努力提高成绩才能放松一些。威胁型的养育者是在内心里把孩子当作某种控制的工具，以此来发泄自己心中的不满和不安。

二、被捆绑的内在小孩的外在表现

被捆绑的内在小孩长大以后，内心往往会有非常多的冲突和不确定。具体主要表现为以下四种矛盾。

第一，既希望自己说了算，又要去迎合他人。

这类人在迎合他人喜好、照顾他人情绪的时候，总会觉得累，他们并不是真心迎合，而是觉得只有这样，自己才会被肯定，才有价值。可能所有人或多或少都有这种感觉，但是内在小孩被捆绑的人的这种心理尤为严重，他们会为迎合他人感到不快乐，又会在不顾别人感受的时候感到畅快，同时怀有很深的愧疚感，还会给自己贴上各种标签，比如"自私""冷血"等等，既矛盾又别扭。

比如，我的一位来访者每到一个地方出差，或是每去一个地方旅行，总会之后再带父母去一次，他才觉得心安。

第二，既想诱导他人评价自己，又反感他人的评价。

这类人对别人的评价非常敏感。他讨厌别人的评判，抗拒别人给自己讲道理。这其实是在表达反抗，因为他觉得别人的评价就像捆绑他的绳索。而诱导别人去评价，又是在表达服从，好像只有通过别人的态度，才能够定义自己的价值。

然而，别人的评价很有可能会使他们再次陷入成长早期的感受里——羞愧、愤怒、自怨自艾、自惭形秽，自信和自卑混于一体，等等。

被捆绑的人是特别敏感的，即便你没有直接评价，他们也会觉得你的一个眼神、一个动作，都是在对他们做出评价。如果心理咨询师不予评价，他们还会主动问："你怎么看我？""你觉得我应该怎么做？""我的孩子这样可以吗？"之类。

心理咨询师有一个普遍的认知，就是应该中立，不做评价。但是在临床实践中，这是不可能的。要想和一个人深入交往，就不可能对这个人不形成任何感受和评价，但咨询师需要注意，自己得有一个清晰的认知——对方是否在诱导自己做出相应的评判。而对待这种情况的正确做法是要让对方觉察自己这一诱导的行为。

第三，既对自己和他人高要求，不允许犯错，又希望自己会出错，去否定既有标准。

这类人的内心有根无形的绳子，他们认为只要没按要求来，没按规矩办，就会被评判、被指责，就会受到惩罚，自己就是不好的，甚至一无是处。

这些其实都不是他们的真实想法，也不是他们从小就有的，而是由他们的养育环境造成的。它让人觉得，不犯错误，才会被爱。这种想法的"副作用"就是非常焦虑，无法放松，经常失眠，坐卧不宁。

不允许犯错，其实是潜意识对规则的屈服；而内心渴望犯错，又是对被捆绑的反抗。

在这样的矛盾之下，有的人会选择用让身体痛苦的方式向冲突妥协，照顾内在小孩的感受。比如，用拖延、迟到来反抗不得不听从执行的要求——"我遵守了规定，但是我不情愿。"

还有的人会给自己的失败找寻各种外在原因，比如经济不景气、资金不充足、家人不支持等等。但其实是他潜意识里故意把自己搞成一事无成的样子，以与崇尚成功的普遍价值对抗——"我干吗要活成你要我活成的样子？""我就是要做烂泥，我就是扶不上墙。"

第四，既会压抑愤怒，又会不时暴怒。

这类人习惯一面压制自己的愤怒情绪和攻击性，一面又很容易燃起无名之火。他们会因为小事而暴怒，进而释放出攻击性；然后又会因为释放了攻击性，觉得破坏了关系，对别人不好，反过来压制无名之火。

压制攻击性，其实是在迎合他人的需要——"我控制得了自己的情绪，是没有攻击性的，你放心，我会按照你想要的样子做"；而很容易暴怒，容易攻击弱小——"我实在忍无可忍了，我就要反抗！"

三、如何疗愈被捆绑的内在小孩

"爱我的人总是伤我最深"，很多时候，能成功捆绑我们的人，恰恰就是爱着我们的人。如果你在成长早期感受到被爱的同时，度过了多年的被捆绑生活，那么你就很难治愈你的内在小孩。

这是因为长时间、高频率的发生，让被捆绑的经历成为你人格的一部分，使你的思维僵化，阻碍你接受新的价值体验。

而且出于思维的惯性，你会用旧思维去对抗新思维，用旧眼光去审视新事物。这些其实也是我们从心理咨询的角度治愈被捆绑的内在小孩的关键所在。相应的疗愈方法如下。

第一，认同内心的冲突。要知道，冲突的价值就在于它告诉你，内在小孩还有渴望，并试图"背叛"过去的模式。你还有选择的机会——是选择继续被控制，迎合别人；还是选择自我"松绑"，发出自己的声音？

因为如果你彻底屈服，就不会有冲突了。你会始终服从、讨好别人，并视为理所当然。因此，请你不要否定自己内心的冲突，要选择更好的方式对待它，甚至使用它。

比如，有人因为某些原因面临辍学，身边的人都认为他成绩不好，继续念书是在浪费时间和钱，不如辍学打工，不仅不用再向父母伸手要钱，还能赚钱，但他就是想继续读书，想试试考大学，就一面打工一面读书，很辛苦地考上了大学，选了感兴趣的专业之后，他的成绩越来越好，最后成为行业精英。

捆绑型内在小孩的成长方向是：能够有尊严地、不愧疚地发出自己的声音，而不必迎合他人，被他人控制。

第二，在现实中尝试拒绝别人，取悦自己。最好是用直接的方式拒绝，比如当有人约你吃饭而你不愿意时，请直接说："不，我不愿意去。"

可能你习惯了找各种借口拒绝："我今天晚上很忙""我要照看孩子""明天早上还要上班"等等。如果你实在做不到直接拒绝，觉得毕竟还要相处下去，也可以选择间接拒绝。但是直接拒绝会让你感到很痛快，不妨试一下。

每日作业——疗愈被捆绑的内在小孩

作业一：画画和想象。

第一步：把你的内在小孩画出来或写出来。

第二步：理出捆绑在内在小孩身上的绳索有哪些，给每条绳索取一个名字，比如，一条绳索是"妈妈的哀怨"，一条绳索是"爸爸的责骂"；或者是奶奶的无助、爷爷的懦弱；以及不允许、嘲讽、侮辱、极端挑剔等。

第三步：想象每条绳索是什么样的，是什么材质。是塑料的、钢筋的，还是其他材质？它们的粗细、颜色、长短、大小、形状、硬度、韧度如何？描述得越详细越好。

第四步：把取好名字的绳索，画在内在小孩的身上，体会一下当你用绳索捆住内在小孩的时候，他的感受是什么样的。在这种感受中待一会儿，或写下来。

第五步：慢慢走向内在小孩，给他松绑，每松一条绳索，看看他的伤痕，擦去他的眼泪，安抚他，表达你对他的支持和理解。

第六步：松开所有的绳索后，带内在小孩到一个安全的地方，把他和那个地方一起画出来，或写出来，或说出来。他现在的状态是什么样的？你现在的感受是什么？

作业二：在现实中做些什么。

第一件事：立刻去实现某个未完成的愿望，不要犹豫。比如，把你一直想买又没买的东西买回来，或者如果条件允许，马上去做你一直想做却没有做的事。

第二件事：试着拒绝别人一次。重新感受拒绝这个动作所带来的愧疚感和痛快感。无论遇到任何困境，你都要勇敢地去建立全新的自我。

作业展示：@小K

画画和想象：

在我的内在小孩身上，有一条绳子，一条铁链。绳子是布的，捆在我的身上，不是很疼，是爸爸的"你要听我的话"；铁链有手腕那么粗，勒在我的脖子上，让我喘不过气，这是妈妈的挑剔。

我靠近内在小孩，解下了布绳，安慰她。再去给她解铁链，可是解到一半，它又绑回去了，铁链太沉了。我试了几次，都解不下来。我告诉内在小孩：你辛苦了，妈妈不应该那样要求你。我支持你，可我力气不够，解不开，但我每天都会试试，总有一天能给你解开。

我抱住内在小孩，她露出了诡异的神情，好像蜷缩在角落里，说害怕，转而又哈哈大笑，说不怕。她说自己的害怕和软弱都是装的，是用来博取别人的同情。听到这里，我想到我和别人交往的时候，经常会说我不行、我不好，其实潜意识里是希望得到对方的认可。

第三节
被虐待的内在小孩

　　很不幸，很多父母并没有准备好要小孩，只是觉得年龄到就结婚了，应该要孩子就生了个孩子，很多被虐待的孩子就是这么意外降临的。那些被称为"父母"的人从内心深处就没有接纳他们，他们会把自己任何糟糕情绪发泄在孩子身上，孩子变成了他们的"宣泄物"，非打即骂是常态。还有很多家庭并不完整，父母或继父母不仅缺乏爱的能力，自身的内在小孩也伤痕累累，"使用孩子"成了他们无意识的习惯，就如第二部分开篇的那两个圆圈，养育者浑身带刺，甚至毒刺，任何与孩子的交互都会刺伤孩子。这都属于"虐待"，虐待给孩子带来的创伤是多重的、复杂的，疗愈过程十分困难和漫长，很多"被虐待的孩子"最终自己也成了施暴者。

一、被虐待的内在小孩的分类和剖析

被虐待的内在小孩按照被虐待的情况可以分为三大类：肢体虐待、环境虐待和性虐待。

第一，肢体虐待。肢体虐待通常是指以身体的暴力接触为特征的虐待，有各种各样的表现方式，比如扇耳光、打、踢、掐等，或是通过媒介给受害者造成更大的伤害。

第二，环境虐待。孩子没有被肢体虐待，甚至都没有肢体接触，但是他有更强烈的被虐待的感觉，这往往就属于环境虐待。我们可以通过以下例子来了解：有个人从来没被父母打过，却有被虐待的种种表现，是因为他从小到大都旁观父母打姐姐。这种威胁式的环境虐待，会给人带来非常强烈的恐惧感，他甚至会产生这样的念头："我恨不能让他们打我一顿，也不要看着他们暴力地对待姐姐。"

除此之外，还有以下几种情况：

（1）在成长早期常常见到父亲打母亲，而且是毫无征兆地拽着头发就打，吃饭时连碗带饭摔到母亲的头上，等等。想象一下：孩子看到这一幕会有怎样的感受？

（2）在成长早期目睹他人虐待动物。我有一位来访者，曾经养过一只特别可爱的兔子，有次他的父亲喝醉了酒，把那只兔子摔死了。毫无疑问，这会对孩子的内心造成巨大的冲击，就好像虐待发生在他自己身上一样。

（3）常常目睹身边的人通过破坏物品、吼叫等方式发泄情绪。比如，摔门、砸东西、扔家具；恶狠狠地往墙上踹，用拳头砸玻璃；挥着胳膊冲孩子大声吼叫，甚至暴躁地拿着皮鞭、棍子、菜刀来回踱步；等等。

尽管这些施暴行为都没有和孩子直接接触，但是孩子内心的感觉是极度恶劣和恐惧的。

第三，性虐待。性虐待是最隐晦的，也是最让人难以启齿的，却又最容易激发内在小孩的羞耻感和恐惧感。

常见的性虐待实施者往往是年龄比受虐者大的人，比如继父、继母、表（堂）哥、表（堂）姐等亲戚家属，以及存在社会交往关系的人，比如邻居、父母的同事、父母的朋友甚至学校的老师等等。

性虐待的形式非常多，分为接触类和非接触类：接触类的有性交、口交、手淫、亲吻、抚摸，或者是借助任何外物的插入、碰触、刺激等；非接触类的比如被人引诱看色情书籍、录像带、被开色情玩笑，在睡觉、洗澡、上厕所时被偷窥，等等。

在我的来访者中，遭受过虐待的人群百分之百都经历过性虐待，只是程度各不相同。程度与受到性虐待的频率、严重程度和当事人当时的年龄有关。而且，不同的孩子会对性虐待有不同的感受和解读——特别是年龄小的孩子。

　　其中让受虐者尤其感到羞愧的，是自己居然会在被性虐待时产生一些仿佛"好"的感受，比如身体会有反应，会兴奋，会对身体接触有所期待，甚至有的孩子之后会以性作为讨好大人的方式，来获取关注和爱。但同时，他们的内心又往往难以接受自己有这样的想法和行为，"被人这样对待，我居然会有感觉，甚至渴望继续"。这样的想法会把受虐者推向受害的深渊，万劫不复。

　　无论是受到肢体虐待、环境虐待还是性虐待，孩子在成长早期，往往还同时受到忽视型和捆绑型伤害。因此，来自性虐待的伤害，可能会被其他类型的伤害掩盖，内在小孩可能只记住了被冷落、被控制、被苛责，而遗忘了被虐待的部分。

　　人的潜意识其实特别"聪明"，从孩童时代开始，它就在保护着我们。很多人也许有过性创伤的经历，但又回想不起任何具体的感受和细节，只是隐约觉着自己好像经历过某些事——是潜意识让他们选择了遗忘，保全了自己，毕竟那种感觉让人难以置信，生不如死。

二、被虐待的内在小孩受到的影响和外在表现

　　因为往往伴随着其他类型的伤害，被虐待的内在小孩的表现形式十分复杂和多样，几乎包括了你能够想到的所有负面感

受和情绪。我们可以把这些负面情绪分为三类：巨大的恐惧、被强烈压抑的愤怒、无处不在的羞耻感。

而"无处不在的羞耻感"是所有负面情绪中占比较大、较为强烈的一种，其具体表现包括以下几种：

（1）会为自己的无能为力感到羞耻——"我没有力量反抗，只能任人宰割。"

（2）会为辜负了养育者而感到羞耻——"我爸妈养育我这么多年，我连个研究生都考不上。"

（3）会为受虐经历的暴露感到羞耻——"一定不能让别人知道我是被揍大的。"

（4）会为成长早期的经历所导致的想法和行为感到羞耻。也因此，这些孩子在长大后很容易养成上瘾的坏习惯，比如酗酒、吸毒，或者在饮食方面出现问题，还会有各种行为障碍，自伤自残，以及暴力对待他人，甚至是孩子。

（5）会因自卑和缺陷感到羞耻。比如感觉自己被孤立，生出强烈的自责情绪。

前文曾按被虐待的情况对被虐待的内在小孩进行了分类，由于性虐待在受害者身上的发生概率普遍较高，我们选择对其产生的影响和外在表现进行详细的介绍。

如果一个孩子受到性虐待，具体表现包括：

（1）会对性有极端的看法。比如强烈地贬低和否定，"谈性色变"。

（2）会对性生活非常冷淡、恐惧，或者仅仅把性事当作不得不完成的任务。

（3）会对外界与性有关的报道极度敏感。比如对各种文章、图片、视频中与性有关的事件和元素产生强烈的情绪，甚至会在梦里不断地经历这样的场景和情绪。

（4）会产生各种性"瘾"，比如频繁地自慰、性行为非常随意、把性当作交换的工具，而且不注意保护自己。

（5）会混淆亲密情感与性的边界。对他来说，爱和性的区别是很模糊的。

（6）会与异性陷入复杂的"虐恋"。特别是在成长早期有过性创伤经历的人。

（7）会因为对性的厌恶和渴望产生罪恶感。

（8）容易在对同性别孩子的性教育方面矫枉过正。

肢体虐待、环境虐待和性虐待所引发的无处不在的羞耻感严重影响人格的各个方面，比如，降低价值自尊，在工作中的成就感低，以及社会交往关系、情侣关系、亲子关系质量差；更严重的还会使人出现创伤后应激障碍的症状，比如"闪回"，一下子回忆起某件事，在梦里也会再次体验那些被虐待的痛苦的经历，或者突然特别敏感地、类似警觉地逃离某个场所。

三、如何疗愈被虐待的内在小孩

遭受过虐待的人会很缺乏安全感，如果经历过程度严重、发生频繁、性质恶劣的性虐待，那么情况会更加严重，受虐者可能会不愿意相信任何人。所以在疗愈被虐待的内在小孩的过程中，要循序渐进地建立安全关系，一点一点地构筑对他人的信任感。疗愈被虐待的内在小孩可采取以下几个步骤：

第一，正常化曾经的经历。没有人生来愿意经受虐待，但既然我们遭此一劫，有了不好的体验，就要经常暗示自己把过去的一切——特别是由过去的经历所导致的现在所有的表现——正常化。不要否定自己所有的表现。曾经的你可能实在没有更好的应对办法，只能采用让自己痛苦的方式来进行自我保护，你要允许和接受这些行为，消除内心强烈的自责感，从而避开更大的羞耻和恐惧。

第二，高度关注和回忆曾经的经历。我们必须承认人们很难直面那些自己被虐待的经历，甚至想把它们从记忆中抹去，但是真正的疗愈必须重新回忆那些伤害，关注那些被伤害时产生的各种复杂情绪。这当然需要时间，有的长达十几年，但受虐者要有这样的意识：遗忘只是暂时的，关注和回忆是疗愈伤痛必须经历的。在进行催眠治疗或者其他长周期的心理治疗过程中，咨询师会协助受虐者回忆起曾经忘记的很多细节。

第三，**接受和拥抱被虐待的内在小孩，释放他的愤怒。**当内在小孩被忽视时，把重点放在他的感受上；当内在小孩被捆绑时，把重点放在捆绑他的"绳索"上；当内在小孩被虐待时，把重点放在他对愤怒的表达上。释放愤怒既可以把对施虐者的情绪外化，也可以借此深刻确认这不是受虐者的错。（具体做法参考本节的"每日作业"）

第四，**尝试着把受虐经历以及感受告诉值得信赖的人，越详细越好。**这个值得信赖的人最好是具有专业背景的心理治疗师。如果你觉得受虐经历对生活的影响并不大，可以试着加入一些相对专业的同质化小组，和有类似经历的人在一起倾诉心声、互相扶持和交换善意，会有非常大的帮助。

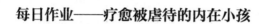

每日作业——疗愈被虐待的内在小孩

① 消除内在小孩的自责。

尽管你的某些行为可能让你感到痛苦，但是它们的发生使你避开了更大的痛苦和恐惧，在一定程度上保护了你，所以要允许这些行为的发生，不要自责。

② 释放内在小孩的愤怒和怨恨。

首先，给施虐者写一封信，在信中表达自己的痛苦和愤怒情绪，但不要将信邮寄出去。

然后，想象你就坐在施虐者对面，不要压抑自己的恐惧情绪；接着想象你把对方绑在了椅子上；如果你还是非常害怕，继续想象你把对方的眼睛蒙住，或者把嘴巴封住；还可以想象你和最信任的人一起面对施虐者。

最后，问问你的身体想做什么。你可以大声说出内心的愤怒情绪，可以把头埋进枕头尖叫，可以用拳头捶打床或被子，可以撕碎本子或衣服，可以去没人的地方扔瓶子。请注意，发泄愤怒的前提是不伤害他人。

③ 在关系中持续成长。

一次次穿过羞耻和恐惧，一次次看见被虐待的内在小孩，一次次加深对他的理解，理解他对爱、温暖与怀抱的渴望。在这个过程中，慢慢帮助内在小孩走出受虐经历的影响，慢慢修复自我。

作业展示：@小同

我想起了以前在上排列课时发生的撕心裂肺的场景——曾被虐待过的孩子，内心是有多愤怒、多绝望，又多么有羞耻感啊！

同时，我对父母多了些感恩——虽然也曾被他们体罚过，但程度要轻得多，几乎没有对我造成什么伤害，最多是威慑而已；虽然也见过父母争吵，但他们都很克制，从未升级到动手的程度；虽然我感受不到父母明显的关爱，但我一直生活在他们身边，他们也给予了我足够的保护。当我细细体会这些的时候，我发现自己其实蛮幸运的，父母只不过是没有用我想要的方式对待我，他们已经在尽力履行他们的责任。

想到这些，我忽然释然了……今天的内在小孩，脸上居然有了笑容，真好。

第三部分

重塑你的内在小孩

摧毁一个人的不是痛苦本身，而是不知道为什么痛苦、痛苦是如何运作的，以及不得不独自承受这份痛苦。

处在人生长河的当下节点，我要你停下来，去回顾自己的内在小孩走过的心路历程，去体验他曾经的委屈与无奈、恐惧与渴望——这是我们与自己和解的关键。

之后你会欣然发现：也许我们无法像做外科手术那样摘除痛苦，却能通过重塑内在小孩来增强自己承载痛苦的能力。就算痛苦是人生常态，它也不会再像以前那样掌控你了，因为你已习得了面对它的方法。

第一节
内在小孩的出现和所处的阶段

从出生到死去,人的一生都在经历心灵成长。梳理内在小孩是什么时候出现的,以及他现在所处的阶段,可以让这一心灵成长的过程——比如有意识地重塑内在小孩——变得更加清晰。

一、为什么内在小孩大多出现在中年时期

许多人的心灵成长和改变发生在 30 岁到 45 岁之间,这是因为在这个时期,我们的心智开始真正成熟,也有了一定的阅历。而且,往往在这个阶段,我们承受着较大的压力,不仅"上有老下有小",还背负着各种复杂的人际关系和工作任务。同

时，随着孩子慢慢长大，亲子关系也会出现很多冲突和摩擦，伴侣关系也会因此变得紧张。人到中年，我们的物质水平相对趋于稳定，可身体素质却开始走下坡路，加上父母长辈的衰老，以及亲戚朋友的离世，会让人更多地思考活着的意义。

当然，我们在少年期、青年期也会经历心灵成长，但是在中年以前，我们的生活主要是围绕现实需求展开的，比如，要找到合适的工作、恋人，要组建家庭，养家糊口，保障最基本的生活，即便有些别的想法，但是出于学业、事业以及家庭的现实需求，也基本无暇顾及内心的感受。

因此，中年时期是心灵成长的"爆发期"。

二、内在小孩成长的四个阶段

我们可以把内在小孩的成长划分出四个阶段，它们的出现没有固定次序，有时是相互穿插的，有时是并列存在的。

阶段一——未觉知阶段。

在未觉知阶段，我们过得比较混沌，很容易陷入从痛苦到逃避、再痛苦、再逃避的恶性循环，具体表现有以下三种：

（1）我们逃避的往往是痛苦情绪这个表面问题，意识不到内在小孩的存在，或者直接否认它的存在，导致表面问题解决不了，只能持续陷入痛苦。

比如，很多父母在中年时期会因为孩子的问题陷入焦虑。当孩子磨蹭着不愿意去学校时，多数父母只关注到孩子"拖延"的行为表现，不会去想孩子抗拒上学的背后有没有更深层的原因。再比如，我们总觉得伴侣不理解自己，却并不深想对方为什么没能理解自己，仅仅沉浸在这种不被理解的悲伤和孤独里。

（2）我们往往把问题归因于现实因素和他人，很少联系自身。

比如，对于上文提到的孩子的拖延行为，多数父母会认为是孩子的原因，觉得孩子的习惯不好，不会回头问一问怀有这个观点的自己：为什么孩子的行为会引发自己抓狂的情绪？是自己的哪个部分被触动了？

（3）严重失望的时候，我们往往会认命。

这一种表现是第二种表现的延续，也就是当你归因于外部因素，但又不能改变什么的时候，往往会归咎于社会，甚至是世界乃至时代这些宏观的环境。

面对这些大环境、大背景，人往往会认命。"痛苦来自命运的安排，我根本没有力量去改变这一切。"接着陷入恐慌的状态，想要找到某种信仰，来给自己的命运赋予某种价值和意义，以防被负面情绪吞噬。

很多人在没有认清痛苦的根源的情况下，选择去信奉宗教，其实是换个方式逃避，和归咎于命运在本质上是一样的，都是在逃避认识自己。

阶段二——觉知阶段。

在觉知阶段，我们意识到并承认内在小孩的存在，具体表现也有三种：

（1）我们不再逃避痛苦情绪这一表面问题，而是开始思考引发痛苦的原因。

（2）我们不再归咎于外部环境和他人，而是转向审视自身——"我在哪里出了问题，才会被这样对待，引发这样的情绪？"

一旦将视线转向自身，我们就会开始对命运表示质疑：究竟什么是命运？我的命运掌握在谁的手里？换句话说，我们其实是作为自己命运的主人，在探索是否哪里做得不妥。

（3）当我们试着从自身寻找答案时，心灵成长才真正开始。

有个成语叫"饥不择食"，意思是人在饿极了的时候，不会挑拣食物是否美观、是否美味，只要能止饿就吃——在这个阶段，我们会学习大量处理情绪的方法，囫囵吞枣，一股脑儿地运用到现实当中。

然而，要让现实有所改变，是需要带着思考去行动，并感知自己的各种感受和情绪的。带着思考去行动是指让思考引领我们的行动，如果不思考只行动，现实不会有所改变。同时，要感知自己的各种感受和情绪。比如，孩子非常叛逆，爱和言行不够正向的人在一起，当我们不再一味地质疑孩子哪里出了问题，而是开始审视自己的教养方式是不是存在问题，调整家庭场景中的行为和对待孩子的态度，试着不去控制孩子时，心里会感到空落落的；但接下来，就会进一步反思为什么会感到失落，并思考这种不确定感或者失控感来自哪里。这样反复思考，反复行动，反复在调整中体会自己内心的各种变化之后，你很有可能探索到痛苦的真正原因。

阶段三——反抗阶段。

在反抗阶段，我们开始了各种争斗和积极的挣扎，想要重新塑造内在小孩。当我们有这种想法时，通常会出现以下四种表现：

（1）我们比较清楚自己内在小孩的需求和渴望，特别是可以敏感地感知到他的恐惧情绪时，会想方设法满足他的一切需要。

在这个阶段，我们往往会在现实层面进行反抗，就算是遭受挫败，也依然坚持。比如，以往你在面对伴侣的指责和挑剔时可能习惯了沉默和顺从，但当你了解到内在小孩的渴望，很可能就会开始说"不"。

（2）我们会运用各种心理学方法来思考原生家庭对自己产生的影响。

当你真正意识到原生家庭对你的影响，就意味着反抗阶段已经到来，这是非常关键的一步。

（3）我们会不断突破以往的互动模式，做出对抗、分离、独立、拒绝等尝试。

比如，在上文提到的例子中，我们可能会觉得直接对伴侣说"不"显得很自私，但是内心却感到说不出来的痛快。这种痛快感，其实就是内在小孩的需求被满足以后的感觉。

（4）亢奋和抑郁两种情绪反复交替出现，我们心怀憧憬，也心怀恐惧。

如果我们在对抗父母的过程中，发现父母的态度有了变化，内在小孩的需求被略微满足，就会感到非常兴奋，对未来充满期待和希望。相反，如果我们在试着拒绝父母和伴侣时，被他们用各种方式无情地打压，内在小孩的需求没有得到满足，就会出现抑郁情绪，感到更加害怕。

即便如此，我们也要冒着被打压的风险去坚持反抗。反抗的重要意义在于，我们开始接纳以往没有接纳的事物，开始表达自己的需求，划清与他人的边界，敢于在顾虑中，在冒险中，艰难前行。

阶段四——整合阶段。

整合阶段又叫作整合期，即与内在小孩和解的阶段。所谓的"整合好"，就是你已经想明白了一些事情，不会再因为执念而感到痛苦了。但是需要明白的是，没有绝对的"整合好"，对我们来说，最重要的其实是不断发现自我、整合自我的这个过程。

在整合阶段，我们可能会出现以下表现：

（1）我们会承认自身现实和过往的某些局限性。

（2）我们不再刻意反抗，或是逆来顺受，而是平静地面对真实，表达真实，不再自欺欺人。当然，这需要一个比较长的过程。

（3）我们开始思考余生的意义：我应该怎样活着？我应该为自己做些什么？我是不是应该换一种态度，换一种活法？

（4）我们会降低对他人的需求。对他人的需求降低了，要求和期待自然降低，一些在亲密关系里的苦恼就会减少，于是我们开始把内在小孩的需求放在首位，一切关系——无论你曾经认为多么亲密的关系——都放在更靠后的位置。

每日作业——内在小孩所处的阶段

你的内在小孩处于哪个阶段？他的主要表现有哪些？尝试探索判断所处阶段的依据是什么？在重塑内在小孩的过程中，你做过那些努力？如果失败了，那么想想为什么会失败。你看见自己做的这些努力了吗？你有好的经验可以分享给大家吗？你对余生有着怎样的期待？思考这些问题，通过说、画、写等形式记录下来。

作业展示：@小同

我的内在小孩基本处于反抗阶段和整合阶段之间。

我能够看到自己的改变和进步，比如不再委屈自己，能够清晰地表达自己的感受与需求，接纳还有很多事情做不到的自己，不再拼命逼自己，等等。

我目前最大的问题，是情绪还不够稳定，偶尔会处于后知后觉的状态，但这总比不知不觉要好很多。继续成长吧！我对自己和内在小孩都有耐心、有信心！

第二节
重新认识内在小孩的养育模式

如果你能够认识到内在小孩是在哪种养育模式下形成的，理解自己对待内在小孩的方式，以及对待生活的态度，体会到"坏习惯"给你带来的好处，那么将会有利于你重塑内在小孩。

我们首先需要清楚的是，习惯并没有好坏之分，只有自己能否接受的区别。

从这个角度来说，习惯其实就是你对待内在小孩的方式，是你功能自我的主要表现。

一、重新认识习惯的好与坏

所谓的好习惯，在大多数情况下指的是符合社会标准，被当前社会所提倡，并且被大多数人认可和赞美的价值习惯。比如，内在的自律、勤劳、坚强、勇敢、勤俭节约、诚实守信，以及具体的读书、写字、坚持锻炼、热爱工作，等等。

然而，如果你不认可这些所谓的好习惯，不是发自内心地想要这样做，而是不得不这样做，那么好习惯就会仿佛成了坏习惯。你逼着自己顺从自己并不认同的好习惯，其实是为了避开内在小孩的恐惧：不自律就会被嘲笑、指责，不勇敢就会被讽刺，不勤劳就会被打骂，等等。换句话说，你自律是为了逃避嘲笑，勇敢是为了逃避讽刺，勤劳是为了逃避惩罚。这里的"逃避"没有贬义，只是表示回避、躲开的意思。

但是显而易见，这种功能自我需求下的好习惯被强行养成以后，会带来很多"副作用"。比如，你会觉得很累、孤独，会失眠；你会想，如果没有这些好习惯，也许就没有人在乎自己，并因此产生很深的落寞感。当我们为了这些好习惯而不断鞭策自己往前走，生怕失去这些好习惯的时候，还会产生焦虑感。当焦虑感累积到无法承受时，我们甚至会崩溃。

所谓的坏习惯则恰恰相反，它本身就违背了社会主流价值观，不被社会标准所接纳，让人不太能接受，比如懒惰、拖延、不自律、逃避、自私等等。

其实从心理学的角度理解，坏习惯和好习惯的目的是一样的，都是为了避开内在小孩的恐惧，只不过坏习惯采用了更加简单粗暴甚至原始的方式。这就好比孩子在刚出生的时候，并不知道多年以后的自己是否优秀。在最初始的时候，人的习惯是没有所谓的好坏之分的。

因此，我们要看到坏习惯背后内在小孩的渴望和恐惧是如何形成的，而不能局限在能否接受坏习惯这件事上。为了避开成长早期所经历的无助的体验，人往往会在长大以后将其由被动行为变为主动行为。比如，从小受到严重虐待的人，长大后可能会喜欢虐待小动物、打骂别人，通过主动攻击来获得内在小孩需要的掌控感。

我们还需要了解的是，有些坏习惯的存在也是有好处的，具体的好处有以下几点：

（1）坏习惯满足了你"自己说了算"的感觉，可以使你获得某种价值、尊严和存在感。

（2）坏习惯帮助你逃避了更深的恐惧，即避开了内在小孩更害怕的感受。

（3）坏习惯可以使你进入某种幻想的世界去寻求满足，在那个虚幻的世界里，你是安全的。

（4）坏习惯能让你释放压抑多年的攻击欲望和负面情绪，

以及想要去征服、报复的情感。

（5）坏习惯往往在提示你要看见内在小孩的成长需求，要去寻求改变。

尽管如此，我们依然要承受自己内心对坏习惯的无情批判，以及来自外界的打压、歧视、贬低和不认可。

二、如何改变自己对待坏习惯的态度

要想改变自己对待坏习惯的态度，我们首先需要做到三件事。

第一件事，接纳自己的坏习惯。

第二件事，理解坏习惯背后内在小孩的需求，通过其他途径寻求满足。

第三件事，在了解到上文所讲坏习惯的好处的同时，也要留意坏习惯带来的坏处。

我们还是用"一……就……"的句式来举些例子。比如，上级一安排任务，你就会拖着完不成——"凭什么你安排我做什么我就做什么？我就要推迟，我要说了算。"这其实是内在小孩在通过拖延来满足对工作的掌控感。这样做的坏处是，我们可能会失去一些现实利益——领导不予重视、工资降低、不能升职等等。

比如，一遇上参加会议、考试等重要时刻，你就会拖延。这其实是内在小孩在通过拖延来搞砸这些重要时刻。当然，有时候所谓坏习惯的坏处，可能是我们潜意识里真正想要的结果。

再比如，一旦压力太大，你就会暴饮暴食或者抽烟喝酒。这样做的好处是可以释放出负面情绪，短暂地缓解心理压力；而坏处也很明显，就是损害了你的身体健康。

通过上面的例子我们可以发现，坏习惯可能会在现实利益、身体健康等诸多方面带来负面影响。如果想要消除坏习惯带来的坏处，我们需要做到以下几点：

第一，你要知道，在所谓的坏习惯产生的那一刻的你，不是现在自责的你，而是勇敢保护内在小孩的你。

第二，你要在当时的情绪里待一会儿，自由地联想和感受。

第三，你要善待自己的坏习惯，并且感谢拥有这些坏习惯的自己。"这些年你辛苦了，如果你没有'使用'这些习惯，可能会活得更痛苦。感谢你对内在小孩的保护，感谢你不惜冒险也要活出自己的勇气。"

第四，如果你最终没能改变对待坏习惯的态度，没能找到其他方式取代坏习惯，应该怎么办？我的建议是：那就这样吧。这些习惯已经保护了内在小孩多年，不可能一下子就被改变，可能还需要一段时期的成长和被觉察。

总之，我们要善待自己的坏习惯，关爱内在小孩。因为这些坏习惯正是内在小孩的外部表现，认识和善待坏习惯可以作为我们重新认识内在小孩的一个突破口，由此出发，真正探索和找到内在小孩。

每日作业——画出保护你内在小孩的习惯

画出你的内在小孩，以及他是在通过什么方式保护你，即画出你的习惯，无论好坏，然后思考这一习惯给你带来了哪些好处，把这些好处画出来。

在这一过程中，需要注意以下几点：①当你觉得无从下笔，或者因为外界评判的声音太大而无法开始时，先观察这些评判，告诉自己"这不是你的错，你并没有错"，再继续思考；②潦草的涂鸦、象征性的简笔画都是可行的，或者也可以用文字、物品来作为尝试，但请尽量不要只通过想象，而是要把内在小孩变成看得见摸得着的具象化存在；③画出内在小孩以后，尝试感受他的一切感受，充分联想是重点；④你的习惯就是内在小孩对你的某种保护，你可以画出这种保护像什么，比如宝剑、蛇、老虎、猎枪、房子、盾牌、堡垒等等。

作业展示：@小绿

我的内在小孩的习惯是一受到措辞严厉的批评就会

大脑一片空白，花好长时间才能回过神来重新思考。这使我在面对不想听到的话、不想看到的事时，会本能地闭上眼睛、捂住耳朵，自欺欺人，当作什么也没有发生。

在我年幼的时候，面对父母的暴怒，我会通过这一逃避的习惯来保护自己免受情绪的伤害。可是成年以后，它限制了我的成长。我也逐渐意识到，很多问题要直接面对才能解决，一再拖延只会让事情越来越糟。

第三节
如何通过团体获得疗愈的力量

有时候人感到痛苦，不仅是因为痛苦本身，而且因为不得不独自面对痛苦，这会让人更加挫败、沮丧、羞耻、孤独。所以有可信的人或团体一起面对痛苦非常重要。

人海茫茫，难得知己。在陷入痛苦情绪中时，你会想起谁？你会和他倾诉吗？倾诉过后，你会不会觉得好受一些？

一、借助团体的力量面对痛苦

事实上，大多数人并没有可信的人或团体一起面对痛苦。当今社会，信息越来越透明，人的情感却越来越封闭。我们会对自我暴露产生羞耻感，或者难以信任他人，或者害怕被别人评判，或者觉得没有人理解自己——总之，我们可能不曾遇见真正懂自己的人，也可能没有为寻找懂自己的人而努力过。

也许只有你自己知道，在硬着头皮、咬牙挺过的那些最艰难的时刻，你的内心是多么煎熬。有的人可能尝试过靠近一些人，但得到的只是某种象征性的安慰，对方并不理解自己；有的人可能在特别想倾诉的时候，拿起手机，翻遍了通讯录，最后却默默打消念头，担心会打扰到别人。渐渐地，你和周围人的距离越来越远，就这样把自己孤立起来。

大量心理学研究表明：在他人的陪伴下面对痛苦，会让痛苦情绪得到很大程度上的缓解，甚至可以疗愈痛苦。这也是心理治疗行业兴起的根本原因。无论这个人是谁，他愿意和你一起面对痛苦，这本身就是一种疗愈。举个让人伤痛的例子，丢了孩子的父母们有着同样的遭遇和痛苦，在一起时甚至不需要语言，也会感到不那么孤单，能够抱团取暖，他们心照不宣，彼此疗愈。

二、如何借助团体的力量

既然他人的陪伴能够缓解我们面对痛苦时感受到的负面情绪，那么我们该如何借助他人的力量呢？

首先，我们需要寻找合适的对象，组成合适的团体。在这个过程中，需要注意以下两点。

第一，最好与相似之人组成团体。

有些人会加入某些特定人群的社团或组织，比如抑郁症患者互助小组、离异家庭社群……加入这些"同质化团体"，我们会更容易靠近他人，彼此支持和倾听。这些人和我们拥有相同的困扰和痛苦，都在现实中用尽方法缓解痛苦。

第二，团体中一定要有引领者。

引领者的专业性和人格非常重要，他不仅要拥有专业的受训经历，更重要的是，他有着基本的共情能力，能够接纳并且给予你正向的回应，试着去理解你、靠近你，不会毫无凭据地评价你。

但是你要知道，引领者可能竭尽全力试着靠近和理解你，最终仍没能真正做到，而他的这份努力，对你来说已经是一种力量。比如，父母可能永远无法理解青春期孩子内心的冲突，但是孩子们应该尝试理解父母为此付出的努力。

第三，在团体中该怎么做。

找到或是组建好适合自己的团队后，我们就需要在团队中学习他人的经验。"他山之石，可以攻玉。"同为人类，我们的内在都是相通的，很多困惑也是相似的。比如，每个有孩子的家庭，可能都存在同样的问题：如何把握孩子玩游戏的程度、时间等。

尽管每个人都有各自的独特性，但他人身上仍有着许多值得借鉴的地方。在团队中，我们聆听别人分享一些中肯的看法和建议，通过他们的经验，结合自身的情况，可能就会找到某个处理问题的方向。

有一个朋友曾经跟我说："我只要听到有人说，他曾经也是这样，或者他也面临着同样的问题，心里就会好受一点。"这是因为"有人和我一样"这件事本身就是疗愈，让他感到自己不是异类，还有人正在经受和他同样的困境。

而且，在一个团体里，会有很多种不同的声音，就好像有很多面镜子在相互映照，大家都要"以他人为镜，进行反思"，即团队中的镜子效应。有时候面对相同的机会，有人成长得快，有人成长得慢，很可能正是由于成长快的人更擅长学习和反思。

比如，面对讨厌的人，会让人产生许多复杂的情绪，有的人会选择无视这些讨厌的人，以避开复杂恼人的情绪；有的人反而会重视这样的机会，反思自己的行为，反思自己说的话："为什么他的这句话，会激起我那么大的情绪？"在反思的过程中，他会逐渐收获小小的进步，而很多进步积累在一起，就会发生质变。我们要重视自己的想法和情绪，用自己的方式来表达真实和勇敢，而不是回避它，认为它不应该存在。

当一个团体真正对你产生了某种影响，无论你是否此刻身在其中，你都会觉得团队一直在你身边，就像我的很多来访者都说过"没关系的，反正还有我的咨询师""我的咨询师会站在我这边的"之类的话。这样的关系已经内化，表现为依赖、信任和归属感。在现实生活中，这样的关系越多，你疗愈内心的渠道就越多，重塑内在小孩的方法也就越多。

每日作业——思考通过团体可以获得什么

① **分担痛苦**。团体成员之间会抱团取暖，共同面对痛苦，克服孤独感。

② **相似的体验**。当个体知道有人与自己是"同类"，痛苦就会得到缓解。

③ **反思和矫正的机会**。一个足够包容的团体，是可以把每个成员在现实中的亲密关系，甚至成长早期原生家庭的互动模式"呈现""模拟"出来的，这样我们就有机会去反思和矫正。

④ **及时反馈**。团体成员之间的任何互动，都是在"此时此刻"发生的，不存在回忆和追溯，这就避免了防御和伪装，反馈也是快速的。

⑤ **情感互动**。无论任何心理学流派的团体，都注重情感的表达和体验，而不像世俗交往那样客套、功利。尽可能地暴露自我内心，将会给自己及团体成员留下深刻的感受和印象。

⑥ **镜映与互助。**团体中的每个人都互为镜子，可以给予其他个体任何反馈，能够辨识自己的投射，以及别人眼中的自己，更清晰地看见个体的内在小孩；还可以通过学习、模仿他人，获得新的经验。

第四节
迈过重新养育内在小孩的两道坎

重新养育内在小孩往往是从反抗阶段开始的，其间需要经历两道坎：反转和投射。反转的意义是积极的，它能够促进内在小孩的成长；而投射的意义是消极的，它是为了逃避改变。

一、重新养育内在小孩的第一道坎：反转

我通过多年的咨询实践总结得出重新养育内在小孩的核心概念之一——"反转"。如果要用一句话来解释这个词，那么反转就是指"进入某种痛苦的感受里，然后把这种痛苦的感受转变成某种好的体验"。

反转的基本来源和理论依据有以下两个。

第一，弗洛伊德关于"强迫性重复"的理论。

弗洛伊德曾表示："病人在移情中重复这些讨厌的情境和痛苦的情绪，并且以最大的机智把它们复活。他们寻求中断尚未完成的治疗；他们再次设法使自己感到被嘲弄了，迫使医生对他们严厉地讲话和冷淡地对待他们；他们会发现合适的妒忌对象；他们制定一个计划，或许诺一个大礼物，以取代童年期那个有强烈欲望的婴儿——但这通常是不可能实现的……这些活动不但没有带来快乐，反而导致了不快乐，而病人却没有从这些活动的旧经验中接受任何教训。尽管如此，这些活动仍在一种强迫性压力下重复着。"[①]

第二，温尼科特的一次关于"攻击、内疚和补偿"的演讲。

温尼科特曾在一次演讲中表示："创伤意味着个体的存在这条线的连续性被破坏了……"他继而明确指出，"在精神治疗中，其实真的没有什么新鲜的事情，能够发生的最好的事情就是，那些原本在一个人的发展中没有被完成的事情，在后来的某一个时间里、在治疗的过程中、在某种程度上被完成了。"[②]

基于对以上两点的理解和个人的咨询经验，我认为弗洛伊

[①] 引自车文博主编《弗洛伊德文集6：自我与本我》，长春出版社，2010年版：16。

[②] D.W.温尼科特《家是我们开始的地方》，陈迎译，世界图书出版公司，2019年版：12、82。

德所说的"这些活动仍在一种强迫性压力下重复着"和温尼科特所说的"没有被完成的事情"都是早年的某些"创伤",所引起的体验(情绪、感受、行为等)没有被充分表达出来,或者当事人并没有意识到这些体验,又或者被当事人压抑在自己的潜意识中。但这并不意味着结束,当事人在以后的日子里会不断重复那些场景,去体验类似的感觉,一直到如温尼科特所说"在某种程度上被完成了",才算是实现了反转。

举个例子,如果你的内在小孩是被捆绑型的,早期的创伤来自养育者的批评、挑剔和指责,你本应该有的情绪是"愤怒、委屈、悲伤、忐忑",本应该有的行为是"反抗、哭喊、对峙、表达不满"。但是,那时你的力量相当薄弱,你不得不依赖养育者才能生活下去,于是,"你忍耐下去了,并未表达不满"。或者还有一种可能,你试图反抗过,结果受到更严厉的打压,试了几次之后,你不得不放弃,继而变得沉默、"懂事"、"听话"。

但这一切并没有因为压抑而结束,它们被刻在了你内在小孩的认知里,因此,你一旦有机会就会反抗,以完成当年未完成的情绪和行为。如此,一次又一次地反抗,你才会获得某种新的经验,内在小孩才会被疗愈。

比如,你可能会做一些错事,激怒领导、引来伴侣的指责,你会面对两种"结局":一种是你继续受到指责,无力反抗,或者你反抗失败了,持续体验无力感,持续压抑,这个结果就说明你"正在强迫性重复";另一种可能是你奋力反抗,和领导、伴侣发生争执和冲突,并取得了胜利,这个结果就说明你反转了;或者你的激惹并没有受到对方的打压,对方对你给予了理解和包容,这个结果也说明你反转了。

实现反转很不容易。首先,你要回到类似场景中,如果你不设法"让自己处在被捆绑的情境中",是没有办法实现反转的;其次,这要求对方足够包容。后者更难实现,因为现实中除了有经验的心理咨询师,极少有人在你激惹他的时候还会给予你无限包容。

反转就是要你将自身放回到那种关系或氛围里,然后去突围,这样内在小孩的反抗才是有效的。

反抗的过程其实就是疗愈的过程,是变被动为主动的过程。当年我们无力反抗,现在有了力量,就要大力反抗。但是我们对抗的并不是某人,而是那种被控制、被挑剔的感受。我们与这种感受的对抗越多,疗愈程度就越深。依据我的临床经验,几乎所有疗愈的发生,都必须经历反转。

反转的完成,首先需要出现相似的痛苦体验,然后再去改变这种痛苦的体验。而且,在这段治疗关系中,对方在你心里的地位,至少要相当于你成长早期的养育者的地位。这是因为对方在你心中的地位越高,和你越亲密,他才会对你造成越深的影响,包括伤害。因此,反转是需要时间的。在一段治疗关系中，如果你与治疗者的关系不能达到那样的深度，反转就不会发生。

另外，只有当你处在危险之中，才能通过反转获得疗愈。如果你一直都很安全，反转疗愈的有效性就会降低。比如，在你小的时候，你的父亲经常打你、骂你，只有在现实当中出现了类似你父亲的人，他要打你、骂你的时候，你的反抗才有效，才能疗愈被虐待的内在小孩。在现实生活中，你可能会惹怒领导（比如工作失误、完不成任务、迟到早退、顶撞领导），领导很可能会批评、教育你，此刻你会为自己辩解，争取让领导理解你的难处，最终领导真的理解了你甚至给你道歉，那么你的反转就实现了；或者一开始领导就没有批评你，而是理解和包容了你，那么你的反转也实现了。但前一种情况更能让你感到释然。

再举个例子，在心理咨询的过程中，如果我和来访者处于关系相对稳定的后期（咨询一年左右），很多来访者会开始挑我的毛病，比如觉得我寡言少语、对他们的支持程度不够，指责我时间观念太差，有的甚至觉得我不配做一个咨询师。这个时候我会很想反驳、争辩，因为事实并不是这样的，我很生气，很想驳斥他们，但如果我真的这么做了，他们会很受伤或者很生气地离去——这就是强迫性重复，我做了和这些来访者的父母早年一样的事情。反之，我没有生气，允许他们表达意见，或者我依然很温和地对待他们——这就帮助来访者实现了反转，因为我不但没有像他们的父母曾经做的那般用激烈的言辞打压他们，或是居高临下地对他们进行批判，而是理解他们，而且允许他们表达不满。这个时候，这些来访者早年未完成的情绪体验就"被完成"了，他们的内在小孩获得了一次疗愈。

反转的概念在理解上会有些难度，原因有两点：第一，不是每个人都需要反转，只有有过创伤性体验的人才需要反转，而且创伤程度越大，反转效果越明显；第二，来自潜意识的反转居多，当事人并不知道自己是在通过让自己痛苦受虐的方式获得另一种满足。如上文的例子中，好好的，我为什么要去招惹领导呢？为何要与咨询师吵架呢？是因为我曾经屡次遭受批评而无力反抗，这次我依然遭受批评，但我却能够反抗了，变被动为主动了。

下面，我再以指责为例子进一步说明反转的几种情况。

第一种情况，如果我犯了一些错误来引诱你指责我，比如约会迟到、加班晚归等，当你看到这些错误后回避了，或者没有留意到，或者觉得无所谓，那么我的反转就失败了。

第二种情况，如果我用犯错的方式引诱你指责我，你的确非常严厉地指责了我，但在这个过程中，我们没有进行反思，那么我的反转也失败了，甚至我会变得更加痛苦。而被痛苦激发出的愤怒、悲伤、委屈的情绪，就是与我在成长早期被养育者强烈批评时相似的感受，这就是一种强迫性重复受伤。

第三种情况，我仍然用犯错的方式引诱你指责我，但是不管我用什么方式，不管犯了多大的错误，你就是不指责。这和第一种情况类似，我的反转也是失败的。很多家庭就是这样，好像只有一个人在吵架，而另一方一点反应和回应都不给。

第四种情况，我犯错误引诱你指责我，你指责了我，之后引领我反思了这个过程，比如这样的事情为什么出现了许多次。通过反思，我发现彼此互动的模式，那么我的反转就成功了。

第五种情况是最成功的，也是心理治疗中比较常见的。如果是一位经验丰富的心理动力学流派的治疗师，他一定会这样做：不断挑战我的底线，不断指责我，然后观察我的态度如何，是愤怒还是委屈，这个时候他再引领我反思整个过程。因为只有当对方不友好地对待你的时候，你的反抗才有效。

反转的过程是很痛苦的，因为我无意识地引诱着对方用当年养育者对待我的方式对待我；同时，反转又是不容易被意识掌控的，即使我们在意识层面知道这样做不合适，但也忍不住要这样做。

反转的过程也是不断重复、不断试探的，因为你的生命体验让你无法很快地突破从前的障碍，你需要时间来改变自己。

反转的难点，在于真正的疗愈结果取决于治疗者，而不取决于反抗者。在现实中，对方很可能不会察觉到这是你的某个反抗模式，反而很容易通过你的引诱，真的去指责、挑剔你，你就会遭受二次创伤。而一旦对方能够带给你不一样的体验，引导着你去反思你们在互动中发生了什么，你就会被疗愈。

每个个体的反转也是不一样的。比如，"我原来犯的错误，也是可以被原谅的"，或者"我不用去讨好、迎合别人，也可以得到我想要的"，等等。也就是说，曾经的体验被翻转了，你就正在被疗愈。

如果用内在小孩的理论来解释反转的概念，就是当你一次又一次正视内在小孩，或者当对方一次又一次地给你同样的体验时，恐惧并未存在，你感到安全，你的需要是可以被满足的，你不必用让自己痛苦的方式得到满足。当你不断体验这个过程，你的内在小孩就获得了疗愈。

二、重新养育内在小孩的第二道坎：投射

相对反转而言，"投射"并不难理解，就是把内心不接受的部分无意识地投射在别人的身上，那个人只不过被你"利用"了一下，这个过程并不存在互动，基本上是一个人的事情。比如，"青春痘长在别人的脸上你才不难受"，这句话就非常形象地说明了投射的含义。

投射一般分为两类。

第一，**对外投射**——把你的痛苦同步投射给孩子或是其他弱小者，别人怎么对你，你就怎么对别人。比如，内在小孩是被虐型的人，容易虐待小动物、虐待自己的孩子；你从小就被过度要求完美，要做到最好，你就会用同样的完美标准去要求孩子。

第二，**反向投射**——别人怎么对你，你就用相反的方式对待别人。比如，你在小时候是受虐的一方，成为父母后，你会过度保护孩子——注意是"过度"；你从小特别依赖别人，成为父母后，你会特别注重孩子的独立能力。

虽然投射的目的是逃避改变，但当你意识到自己是在投射时，那么投射就会成为你成长、改变的动力。我们要好好反思自己的投射，去反思——你不希望被人这样对待，却又这样对待别人。你的投射不仅给别人带来了痛苦，你自己潜意识里也是非常痛苦的。也就是说，你把痛苦给了别人，却没有解决自己的痛苦。

只有把内在小孩投射的部分分辨出来，剩下的才是他真实获得的满足，否则就只是在转移和逃避。

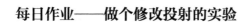

每日作业——做个修改投射的实验

第一步：列出困扰着你和你的孩子、伴侣，或者关系亲近的朋友的几个互动方面的问题。

第二步：给自己开几个"处方"（参考下表）。

问题1：	
问题2：	
一阶处方（修改可以不要太多）	二阶处方（修改比一阶更多一些）
做法：	做法：
每天＿＿＿次，持续＿＿＿天	每天＿＿＿次，持续＿＿＿天
副作用：	副作用：

以下的例子，可以帮助你理解这个作业。

如果孩子一玩游戏，你就指责他，很容易可以诊断出这是控制，而且是投射性控制。

我们为此开个"处方"，当孩子玩游戏时，你把指责信息（如催促、没收手机等）进行修改。刚开始不要一下子修改得太多，比如你可以不予理睬，不再像原来那样指责他；并且像规律性服用药物一样，每天几次，最少持续七天作为一个"疗程"，然后观察一下你们的互动方式发生了哪些变化。

但这种尝试也会有"副作用"。

首先，你会容易把注意力转移到对其他事的控制上。比如你虽然不指责孩子玩游戏了，但是你会转而指责他写作业慢或者生活习惯邋遢。所以要注意，在互动的时候，不要把对某件事的注意转移到其他事情上，否则会影响修改投射的效果。

其次，你可能会强忍怒气，怀疑这种方法是否管用，甚至认为自己虚伪，比如明明不喜欢孩子玩游戏，却要强装不予理睬。

出现这些情绪都是正常的，这些都是处方的"副作用"。我们将处方疗法作为练习，短期内去适应这样的"副作用"，是没有问题的。

作业展示：@小绿

问题1：孩子一没完没了地玩手机，我就忍不住焦虑。
问题2：老公对孩子玩手机是不反对、不干涉的态度，我心里有很大的怨恨，觉得他没有尽到对孩子的管教责任。
一阶处方
做法：忍着不对家人加以评判，理解他们内在小孩的需求，多关注他们的优点，安心做自己的事。
每天随时，持续一个月。
副作用：心里憋屈得很，觉得为了家庭的和谐，牺牲了自己内在小孩的需求。

第五节
如何直面与打破内心的恐惧

反转最大的难点，是当我们面对内心的恐惧时，往往会选择放弃。很多人的心灵成长都止步于此。但是对于某些恐惧，我们必须面对。如果你现在无法面对，往往是因为内在力量还不够强大，你还需要时间来强化内在小孩的力量感。一旦内在小孩的力量有所增强，你自然就可以直面内心的恐惧。

一、暴露疗法

在心理学中有种用于治疗焦虑症、恐惧症的方法，叫作"暴露疗法"。在"暴露疗法"的治疗过程中，心理治疗师不会让患者进行任何放松训练，而是让患者想象，或是直接进入最恐怖、焦虑的情境中，以迅速校正患者对恐怖、焦虑刺激的错误认识，并消除由这种刺激引发的习惯性恐怖、焦虑反应。这种方法也适用于我们直面、打破内心的恐惧。

比如，对于孩子来说，他恐惧的对象可能是一些相对具体的事物。我曾经治疗过一个上小学五年级的孩子，他非常害怕鸡。当他听到或者看到"鸡"这个字、看到电视上关于鸡的画面时，就会感到非常恐惧。我们对他采取了游戏治疗和暴露疗法。所谓游戏治疗，就是用以儿童为中心的游戏疗法来关注、接纳和启发儿童，与儿童建立良好的治疗关系，让他们在宽松愉悦的氛围中，用游戏自由地表达出内心的情感和愿望，在治疗师的充分信任中自己做选择、自己做决定，以循序渐进的方式对儿童的症状进行干预，使其不断地进行自我探索，最终实现成长的跨越。暴露疗法则一般是在安全的环境中让人接触恐惧的根源，旨在帮助人们克服恐惧，使那些引人恐惧的物体、活动或情况不会引发人的焦虑，使其可以放松地参与其中。

在这个孩子身上，从抽象到具象，我们一开始让他练习写"鸡"这个字，然后让他用"鸡"这个字组词、造句、写短文，接着给他讲关于"鸡"的故事，再让他看关于"鸡"的画面。几个月后，我们开始让他远远地看现实里的一只鸡，后来是一群鸡，再到一个养鸡场，最后练习吃鸡肉。经过大半年时间的治疗，他对鸡的恐惧被慢慢消除了。

以上这个治疗过程，就是暴露疗法。暴露疗法对于消除具体的恐惧有非常大的帮助，在大多数情况下可以直接消除症状。但是从精神动力学的角度来讲，怕"鸡"可能怕的并不是鸡本身，而是某些感觉。比如，看到鸡的样子会让他产生一些联想，会不会是曾经受到过与鸡相关的创伤？一般来说，"鸡"只是诱因，而不是我们内心真正害怕的东西；我们要消除的，其实是那个让我们真正感到害怕的东西。

对于我治疗过的孩子来说，消除怕鸡的症状，是在疗愈他的内在恐惧，而其实他恐惧的并非鸡本身。他在小的时候养过几只小鸡，妈妈经常以此威胁他，比如考试成绩差就不让他和小鸡玩；他不听妈妈的话，小鸡就会遭到虐待，有一次其中一只小鸡还差点被摔死。时间久了，孩子对鸡产生了恐惧，实际上，他害怕的是妈妈的控制。

那么，暴露疗法的价值是什么呢？

第一，掌控恐惧。

在现实中，我们会试着去掌控自己害怕的东西，而这种"掌控"只是表面意义上的，并非真正掌控。这些掌控也可以称为"逆恐行为"，其行为动机常常在商业中被大加利用，比如一些极限运动或游乐设施，如蹦极、攀岩、过山车等，以及一些恐怖题材的娱乐方式，如鬼屋、密室逃脱、恐怖电影等。这些项目都很可怕，也曾有意外事故发生，但仍然吸引了大量顾客，原因就是这些顾客对于"掌控恐惧"的心理需要——越是害怕，越是觉得危险，克服这些害怕、危险后的安全感就越强，会让人有"劫后余生"的感觉。"那么危险的事，我都挺过来了，恐惧是可以被我掌控的"——这会让人觉得很痛快、很过瘾。

恐怖电影有着很大的消费群体，就是因为我们可以把内心的恐惧投射到影片中去。在象征层面上，我们变被动为主动，掌控了那些令人害怕的事情。比如，喜欢看《死神来了》系列影片的人，可能对死亡有非常强烈的恐惧，或者他在成长早期曾经有过关于死亡的体验，电影把他重新带入这种感觉里，在影片结束的那一刹那，他会有种劫后余生的感觉——"我还活着。"还有一些人喜欢极限运动，是因为他们从中体验到了濒死的感觉，但并没有真的死去，而是毫发无伤地活了下来。他们在这个过程里，实现了对内心恐惧的掌控。

其实我们真正恐惧的，并不是恐惧的对象本身，而是未知。比如前文所举的例子，孩子真正恐惧的对象并不是鸡，他只是把内心说不上来的害怕感受投射在了鸡的身上。因此，我们在幻想层面，通过外在的对象征性对象的掌控，获得对内心恐惧感的征服，这也是一种暴露。

第二，直面恐惧。

我们在害怕某些东西的时候，可能会顺带地避开一些其他的问题，而这些问题往往也存在着危险性。比如，孩子在害怕鸡的同时，可能也回避了自己和母亲的冲突——"我害怕鸡是可以接受的，但怨恨母亲我不能接受。"

因此，就像用暴露疗法消除孩子对鸡的恐惧，我们要想突破恐惧，就要去直面恐惧，并且要去反复证实，我们所害怕的其实是对未知事物的恐惧和臆想，或者我们所害怕的东西其实并没有想象的那么可怕。当我们反复体验这个过程，内在小孩就有了越来越多的确定感和掌控感，就不会那么恐惧了。

当我们试图直面恐惧时，需要注意以下三点：

（1）要不断暗示自己——"这只是练习"。无论你内心害怕的是什么，在验证这种恐惧感的时候，都要把这个过程当作一种演练。这样的话，其实从观念上你已经跳出了恐惧，就没有那么害怕了。

（2）一定要循序渐进，不要着急。比如在治疗怕鸡的孩子时，如果一开始就把他带到养鸡场，他可能会惊恐发作，直接崩溃。

（3）当你感到害怕时，要用这四个字鼓励自己——"那又怎样"。无论你害怕的是什么，当你说出"那又怎样"的时候，就会发现如果你连最坏的打算都不畏惧，那么你去靠近一个人、拒绝一个人、突破一个设置、辞掉一项工作、逃离一场婚姻等，这些事根本算不了什么。

二、内在小孩常见的恐惧类型

内在小孩常见的恐惧类型有以下四种。

第一种，害怕拒绝。

很多人害怕拒绝别人，其潜意识里的动机其实是：害怕拒绝别人，也害怕被别人拒绝。在他们看来，如果自己拒绝了别人的某个需要，别人就可能在人格上否定自己，认为自己不够好，而"不够好"对他们来说是不可接受的。

我们试着去拒绝别人时，其实是在维护自己的边界感，是在直面恐惧，而我们所害怕的拒绝动作，会成为我们的力量。在人与人的交往里，最让人印象深刻并重视的，往往不是一直说"好好好""是是是"的人，而是敢于说"不"、敢于表达不同意见的人。你可以在小事上使用暴露疗法，试着拒绝别人，比如挂断不喜欢的人的电话、拒绝参加不想去的聚会等。

第二种，害怕深度沟通。

很多人会用吵架、争执、冷暴力的方式对待他人，很少进行"只谈你我"的深度沟通。因为深度沟通意味着自己某些隐私的想法和真实的动机有可能暴露，这样的暴露会让我们深感不安。深度沟通也意味着我们将有可能面临关系层面的深度冲突，比如价值观、人生观的冲突——我们害怕深度沟通，其实是在害怕亲密关系。

在成长早期被忽视的内在小孩，往往会害怕深度沟通。深度沟通最典型的例子，就是一对一的心理咨询和心理治疗。在深度沟通的过程中，双方不谈其他，只谈彼此，专注于对方，从内心深处进行交流。无论对方是孩子还是成年人，都能在深度沟通中体验到心与心在一起的感觉。

你可以选择一个人，和他进行深度沟通。比如，在一个恰当的时间，和母亲谈谈你在小时候对她的不满，甚至和她谈谈她的原生家庭。

第三种，比起拒绝，更害怕道歉。

我们害怕诚心诚意向别人道歉，其实是害怕自己会产生一种无力感，因为在我们的潜意识里，会觉得这样的道歉是对自己的一种否定，会挫伤自己的自尊心。这就导致我们越是害怕一个东西，内在越会感到自卑。因此，郑重其事地道歉，要比拒绝更需要力量。

这里需要注意的是，我们不应该以求得原谅为目的进行道歉。在现实生活中，有很多人道歉，并不是发自内心觉得做错了什么，而是要让对方原谅自己。但其实不以求得原谅为目的的道歉才是真正的道歉，这和不以任何控制为目的的爱才是真的爱，在道理上是相通的。

依据我的临床经验，无论是属于被虐待型、被捆绑型还是被忽视型的内在小孩，养育者其实都欠他们一个道歉。道歉是真实的情感表露，不是技术手段，它需要更强大的勇气和力量。你必须在内心共情对方、理解对方，带有人性的悲悯之心，才会发自内心地对另一个人说："对不起，我不应该这样对你。"

第四种，害怕犯错、违反规则。

我们害怕犯错、违反规则，其实是害怕内心发出限定的声音，它像一堵无声的墙，横在内在小孩的渴望与恐惧之间，它让我们下意识地把犯错当作不好的事，比如迟到、旷工、闯红灯等，而真正的错误，其实是由法律层面的标准和规范予以约束的。

我们当然不提倡违法犯罪，但也不提倡一点小错误都不能犯。若孩子但凡迟到，都要被你严厉地指责，那你就要反思自己，究竟是什么把你的内心给框住了。有时，突破了某些计划也会被认为是"犯错"，但在有些人的价值体系里，就是喜欢不确定感，追求突破感。

请你留心观察，小孩子走路，是哪里有泥土、有水洼，他就往哪里去的。你有多久没有像孩子一样蹦蹦跳跳地走路、无拘无束地笑和哭了？你是否每做一件事情，都会被某种声音限定住？哪怕是在马路上摔倒了，你首先关心的也不是自己摔得疼不疼，而是别人有没有看到你的窘态。

对此，我们可以尝试突破自己，去犯一些能够承受的"小错误"，去尝试一些不确定的、未计划好的、不太常规的行动，感受"突破限定"的体验。比如，来一场说走就走的旅行，坐过山车、蹦极、看恐怖片，像孩子一样蹦蹦跳跳地走路，使用情趣用品自慰，一个人淋雨，等等。这些都是帮你直面恐惧的十分有效的方法。

每日作业——练习面对内在小孩的恐惧

根据自身情况，选择以下练习中让你感到恐惧的项目完成（但不限于下列项目），数量亦不限。

① 拒绝别人。

试着在小事上使用暴露疗法，拒绝一些人、一些事，看看会发生什么。比如挂断你不喜欢的人的电话，拒绝伴侣的性要求，拒绝参加你不想去的聚会。

② 深度沟通。

选择某个人，比如父母、孩子、伴侣、咨询师等，与他在没有任何干扰的情况下，深度沟通十分钟。

③ 道歉。

反思过往的行为，对你可能伤害到的人郑重道歉，注意不要以求得原谅为目的。

④ 犯错。

如果你的回忆里没有特别的犯错经历，你可以尝试突破一些不太重要的规则，或者犯一些无伤大雅的小错误，比如迟到、顶撞领导、说脏话、吵架等等。

作业展示：@小多

① 拒绝别人——有个关系比较好的同事私信我，让我在电商平台帮她砍价。我没有这个 App，她让我去下载，我直接回复：不好意思，我不想这样做。如果在以前，我可能不会拒绝她，因为我想让别人觉得我够好。而现在，我再也不想不情不愿地当好人了。不找任何理由，直接拒绝别人，这种感觉很痛快。以后我再也不会委屈自己做任何不想做的事——没有什么比我自己的感受更重要！

② 直面冲突——在与妈妈的一次交流中，我没有接住妈妈的负面情绪，直接爆发出来，在吃饭时把碗筷重重摔在了地上。以前我一直扮演好脾气的乖女儿角色，害怕冲突，像夹在老公和妈妈之间的受气包，负面情绪一直困扰着我，消耗着我的心理能量。现在我累了，我要照顾自己的情绪，直面冲突，虽然这样做的副作用很大：妈妈歇斯底里哭着指责我，要和我断绝母女关系——那又怎样？我更加有力量了，这种感觉可太好了！

第四部分

滋养你的内在小孩

内在小孩与你的关系，就像游子与家的关系。在今后的旅程中，无论是风平浪静还是疾风骤雨，他都不会害怕，因为身后有你，背后有家。

被滋养后的内在小孩，是平和的、从容的、坚定的，如同风尘仆仆归来的游子，于万家灯火处，一眼就瞥见了自家那盏温馨又明亮的灯，暖流瞬间涌上心头。

而你与这一切之间，只是隔了最后一个步骤：滋养你的内在小孩。

第一节
建立边界：让错位的家庭成员回到各自的位置

当一个家庭的成员角色发生错位，就会出现很多问题。只有让每个角色都回到自己的位置上，家庭才会正常运转下去。家庭角色的错位不仅会影响孩子的成长，也会导致夫妻关系、亲子关系产生各种问题。本部分内容的重点即是处理现实生活中关系的一些态度和方法。

一、家庭角色关系与内在小孩的养育环境

我们知道，物体是很容易发生变形的，而三角形每条边只对应一个角，具有唯一性，因此成为最稳固的形状。在所有物品或者几何位置中，只要有三个点，形成一个三角形，它就是

牢固的。用三角形结构来形容家庭关系特别贴切——父亲、母亲和孩子，组成了一个三角形。如果三角形三个点的位置发生变化，就会形成各式各样大小不一、形状不同的三角形，情况也会随之复杂化。

一个健康的家庭所呈现的三角形，大概类似于等腰三角形，距离比较近的两个点是父母，稍微远一些的点是孩子，父母靠得相对比较近，一起支撑着孩子，如下图所示。但是在现实中，往往会出现父母和孩子都不在各自位置上的情况，我们称其为家庭角色关系错位。

如果这三个点彼此的距离都非常遥远，相互指望不上，那么在这样的家庭关系中，可能就没有相互支撑、相互依靠的感觉，孩子的内心就可能有被忽视的体验，我将这样的家庭称为"遥遥相望型"家庭。

如果这三个点彼此的距离都特别近，三角形无限小，边界混乱、模糊，成员之间相互影响、侵入，纠缠不清，父母和孩子都不作为独立的角色存在，我将这样的家庭称为"相互侵入型"家庭。

如果有两个点消失不见了，只剩下孤零零的一个点，就不能组成三角形了。比如，缺失父母的孩子为了活下去，不得不去寻找爷爷奶奶、老师等其他支撑点，还不得不发展出一些与年龄不相符的生存技能，我称这样的家庭为"孤单型"家庭。

下面重点讲两种三角形关系。

第一种，父母有一方所在的点离孩子所在的点很远，而另一方与孩子无限靠近。这种养育关系常常出现在孩子6岁以前。在中国，这种模式的家庭非常普遍，可能与千百年流传下来的传统文化之下，男女被赋予不同的社会角色和意义等背景相关。

这种模式也分为两种情况，一种是单亲家庭，可能父母离异，或者父母中的一方去世了；另一种是父母中的一方总是缺席孩子的成长，比如工作很忙，孩子的内心已经感受不到他的存在。但这里的"缺失"，并不主要在于现实角色的缺失，更在于缺席者内心与孩子的交织程度，也就是他给予孩子和伴侣的支撑程度。

如果在孩子和母亲的内心，父亲/丈夫是缺失状态的，那么母亲的很多情绪就没法通过和伴侣交流来消化，只能通过孩子来缓解。母亲会无意识地直接指望孩子去做些什么，这个时候的家庭关系就属于三方潜意识的"合作"。把重点放到孩子身上，孩子就会"越位"，为了拯救家庭关系、让母亲的情绪更加稳定，他会补上缺失的这一角，不但他自己能获得更多关注，他在家庭里也拥有更多的主动权和掌控感。

这样的"合作"模式，往往让孩子成为父母一方的"半个父母"。母亲如果和孩子靠得太近，就会无意识地让孩子"喂养"自己。这种"喂养"需要抓手——所谓抓手，就是在现实生活里互动的每个瞬间——比如，母亲过度在意孩子的学习成绩，就会让孩子用成绩来"喂养"，"你的成绩好，妈妈就开心"；再比如，母亲会给孩子报各种补习班、兴趣班，陪着孩子连轴转，根本停不下来，好像只有这样，才不会让孩子输在起跑线上，这是让孩子用刻苦努力来"喂养"母亲，没有一点属于自己的空间。

这样一来，孩子成了父母的照料者，父母成了孩子的索取者。

那么，父母为什么会让孩子"喂养"自己？

其实从人的潜意识、父母的内在小孩的角度来分析，就是当父母还是孩子的时候，没有机会真正做孩子，没有享受到作为孩子本该享有的自主性、童真、无拘无束的感受，而是各种讨好、顺从。长大以后，他们建立了自己的家庭，内在小孩就会无意识地寻找能让自己获得满足的人，即让自己当一回"孩子"。如果没有这样的人让他活出"孩子"的感觉，而恰好伴侣的内心也渴望活成"孩子"，那么他们就很可能试图从孩子那里找寻自己缺失的童真。

第二种，混合养育（隔辈养育），即多边形的养育模式，

一般以姥姥姥爷、爷爷奶奶为主，父母为辅。这种养育关系造成的影响多种多样，毕竟每个家庭的养育模式不同。比较常见的影响有以下三种。

（1）如果养育模式以爷爷奶奶（姥姥姥爷）对孩子的养育为主，他们随着年龄的增长、阅历的增多，对自己的人生做出反思，会觉得曾经做父母时很多地方做得不好，就会希望在孙辈身上有所补偿，所以有个词叫"隔代亲"。

（2）两代养育者的三观不一致，会导致家庭权力的争夺和不断的冲突。我曾经有段时间给孩子做游戏治疗，遇到过这样一类孩子，他们在摆沙盘的时候，拿起一个沙具，思索很久才会放到某个位置上，过一会儿，他们又会觉得不合适，再次把放好的沙具改放到另一个位置，反复如此，始终不能找到一个确定的位置。如果考量他们的家庭养育史，就会发现，其实都是混合养育造成的——他们不知道该听谁的，不知道这个家谁说了算。在混合养育模式下成长的孩子，可能会非常优柔寡断，没法做出自己的选择。

（3）把孩子交给自己的父母养育的父母，他们的内在孩子会和自己的孩子"争宠"、竞争，也会无意识地把曾经对父母的不满或者与伴侣之间的糟糕感受传递给孩子，围绕孩子发生争斗。

我对混合养育家庭的父母有两点建议。第一，当孩子的需求和你的父母的需求相冲突时，你要优先满足孩子，并且由你直接满足，而不是告诉你的父母应该怎么做，让他们去与你的孩子解决冲突。第二，建立君子协定。把一些责任和义务写成书面协议，或者口头商量清楚，避免纷争。比如，你的父母负责照顾孩子的日常起居和其他物质层面的需要，而你负责孩子的教育、思想交流等。

二、如何让错位的家庭角色关系归位

首先，要明白一个事实：亲子间的爱是单向的。

英国精神分析学家唐纳德·温尼科特曾经说过："妈妈们可能有一套自己的标准，也很珍惜自己做主的生活方式。我为妈妈们感到遗憾，因为一旦你变成一位妈妈，从此就要适应孩子，而不是反过来。"

父母对孩子的爱，就像水往低处流，不能够倒流。要记住，如果养育孩子，只会是对孩子付出，但凡在你对孩子的爱里有了祈求他回报的部分，这样的爱就是不恰当的。我认为，孩子就像是暂住在父母家的房客，不是属于父母的物品。世间大部分的爱都是为了在一起，但只有一种爱是为了分离，那就是父母对孩子的爱。

其次，你还要尽可能明白自己的原始需求，也就是内在小孩的需求。当你越多地了解自己内心匮乏的是什么，就越不会把需求投射给孩子。如果你还没明白自己的原始需求，可以先试着遵循以下这三个原则。

第一，你不必去满足孩子能力范围内的需要，即父母没有必要越界。凡是你认为需要越界的情况，都只是"你的需要"。这就是温尼科特提出的，让孩子遭遇"恰到好处的挫折"，以及让你自己成为"足够好的母亲"。

第二，你的需求要优先被满足，而不是牺牲你的需求去满足孩子。但是需要注意，我所说的"你的需要排在第一位"，是指你要去找到能满足你需要的那个人、那个渠道，而不是让孩子去满足。

第三，对于父亲的养育角色缺失的家庭，父亲要回归。父亲回归家庭养育的重点，是要把关注点放在妻子身上，从而转移妻子的关注点，孩子自然就会和母亲"分离"。夫妻之间的纠缠不要牵扯到孩子，否则只会让家庭角色越来越错位，直到原本稳固的三角形关系变形、崩塌。

我们脑海里要有这样的概念——如果家庭中的某个成员（一般是孩子）出了问题，一定要思考每个成员是否处在自己的位置上。

每日作业——画出核心家庭与原生家庭

第一步：画出当下核心家庭的全家福，也可以写下一段文字进行描述。

第二步：画出你小时候原生家庭的全家福，同样可以写下一段文字进行描述。

第三步：对比两个家庭的全家福，结合课程内容去观察和感受，并写下来。

作业展示：@小同

画了这两张关系图后我才发现，其实父母与我们兄

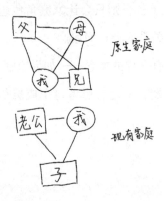

妹的距离，没有我以为的那么远。虽然我的内心深处常常感受不到重视与关爱，但他们的确一直在我们身边。比起大多数孩子，也许我是幸运的，尤其是我有一个那么亲密的哥哥，给我带来了很多慰藉，真好！

　　我还可以看到，在现有的家庭中，对我而言，老公是非常重要的，重要性超过儿子，任何时候我会把他摆在更高的位置上，这样挺好的！

第二节
建立缓冲：找到"自己说了算的空间"

温尼科特曾说过："我们在哪里度过了大部分的时间，并从中获得乐趣？为了弄清楚这一点，我们可以想象，存在这样一个空间，它既不在里面，也不在外面，这是一个第三空间。"

这个"第三空间"也就是"自己说了算的空间"，在心理学中又被称为"过渡空间"。

一、过渡空间的内涵及作用

过渡空间"既不在里面，也不在外面"，这里的"里面"指的是我们的内心世界，包括一些想象的内容；"外面"指的是现实世界，看得见、摸得着的一切。

比如，婴儿饿了，大人没有及时喂。从需求产生到被满足的这一过程中，婴儿会自行发展出诸如忍耐、吸手指、吸奶嘴、等待等能力，他的脑海里也会有某些我们看不到的、创造性的想象被同时唤起，所有这些围绕婴儿所形成的场景与氛围，就是他的过渡空间，而手指、玩具、奶嘴等则是过渡客体。

在某些关系里，我们努力、思考、奋斗了很久，依然没有得到内心想要的体验，就需要发展出一个可以独处的、独立思考的"空间"，来满足内心未得到满足的部分。这个"空间"就是过渡空间。

如果你在与伴侣的关系里得不到认可，没有价值感，就会想要从其他地方获得价值感。在现实中，比较常见的"过渡关系"，是"人与事物""人与空间"，而非"人与人"。比如，你会独自去写作、画画、钓鱼、看电影、听音乐等。从表面上看来，这样的人是孤单的，但实际上他正在与没有生命的物体发生着关系，满足着自己需要的存在感、价值感、成就感。

但并不是每个人都能真正"享受"这样的孤独。在充斥焦虑感的现代社会，很多人一旦独自闲下来，就会陷入恐慌，毕竟已经习惯了在人群中、在人际关系里获得价值感。

在使用过渡空间的时候，人往往是比较孤独的，但是他们的内在其实是享受的，是充盈的。我们平常提到孤独，往往会狭隘地认为这个词带有凄凉的感觉，但那是孤单而非孤独。

真正地享受孤独是一种能力。拥有这种能力的前提是，你先要做到在其他人面前享受孤独，才能够在没有其他人的时候也享受孤独。比如，一个孩子在和其他小朋友玩游戏，不远处几位母亲在站着聊天。这个孩子玩一会儿，就会回头看一看母亲。母亲在，他就继续玩；如果回头看不到母亲，他就玩不下去了。

这个孩子在与母亲的关系里就是独处的状态，他在享受自己玩游戏的时光，而这种独处，是母亲允许的、接纳的，并且在一旁陪伴的。

而母亲如果允许孩子独处，就应该不要打扰孩子，不要不停地问喝不喝水、热不热；也不要离开孩子，如果孩子在玩的时候发现母亲不见了，彻底的独处就会让他感到害怕。

如果孩子没有在他人面前独处的经历，那么他长大以后，就会不自觉地通过寻找另一个人，或者寻找一个属于他的空间，来帮助自己应对独处。这些被寻找的对象，就是他的过渡空间。过渡空间往往能让人觉得在这种环境中自己是自由自在的，由自己说了算的。

我对过渡空间的理解是：在某种氛围下，在某种场景中，你能够完全放松、自在地做自己，既是现实，又有任意的想象空间。这就是内在小孩难得的"自由之地"。

其实每个人都有自己的过渡空间，它是一个缓冲地带，连接了我们的内心与现实，起到了某种过渡的作用，缓冲着现实中的无奈。我们可以时不时地"进去"补充一下能量，能量满满以后，就可以继续生活了。

过渡空间并不仅仅指某个场所，它更是某种氛围、某个过程、某种体验、某种感受。只要我们能够建立过渡空间，并且使用过渡空间，内在小孩就不会感到特别恐惧。

当出现以下三种情形时，我们的内在小孩需要通过过渡空间来缓冲自己的心灵与情绪。

第一种情形，现实和内在存在反差。我们的内心非常理想化，但外部现实总是会有各种各样的打击，使我们受到伤害，活不出内心所期待的样子，这时候我们就特别需要一个过渡空间。

第二种情形，所有的亲密关系都只能满足一部分需求。你既不能给另一个人无条件的全然的爱，另一个人也给不了你这些。即便有，也比较短暂。可能我们这一生都活在没有被满足又想要被满足的过程里，而这个过程，可能正是活着的意义。当我们意识到既有的亲密关系都不能满足自己全部的内在需求时，就需要自己建立一个过渡空间。

第三种情形，感到孤独。我们要承认，内心深处是会感到孤独的，并且这种孤独感会伴随一生。我们需要做的，就是弄清楚自己在孤独的时候，是享受的，还是凄惨的、否定的、自我贬低的。

以上三种情形特别需要过渡空间，让情绪得以缓冲，让内心开始反思。

二、过渡空间的类别及使用

根据社会主流价值观，也就是多数人的认知，可以将过渡空间分为两大类：一类是正向的、积极的、建设性的；另一类是负向的、消极的、破坏性的。比如提到抽烟，很多人的感觉可能是"不好"的；提到喝茶，很多人的感觉可能是"积极"的。这些感受，都是由被社会同化了的价值观所决定的。

而对于每个个体来说，过渡空间的选择和判断取决于你内心的感受。换句话说，你能够接纳的就是积极的，不能接纳的就是消极的，并不存在什么真正绝对的积极或消极。比如，孩子爱玩网络游戏，你接纳了，这就是一个积极的、正向的行为；你不接纳，那它就是负向的。

比如，我的"积极的过渡空间"，包括心灵书写（即自由书写）、养狗、经营我的工作室；"消极的过渡空间"包括独自喝酒、抽烟，沉迷于网络游戏。之所以说这部分"消极"，是因为社会上的大多数人认为，这些是不好的行为。但我觉得它们没有什么好坏之分，没有积极和消极之分。虽然我在这两种过渡空间中，完全不是一个状态，但是我的内心接受了它们，在做这些事的时候我都会感到愉悦，它们带给我的体验都是积极的，因此我知道它们都是我的有效的过渡空间。

那么，成瘾、逃避、兴趣爱好与过渡空间之间有什么区别？

成瘾是一种强迫性的主动行为，就是明知不可为而为之，无法控制自己的行为。比如，你在意识上非常讨厌玩网络游戏，但是又控制不住自己，你在玩游戏的过程中，内心是冲突的、纠结的——一边享受玩游戏的过程，一边自责和愧疚。

逃避是一种被动行为，人会表现得有些心不在焉。逃避的目的是避开某个矛盾发生体，"眼不见，心不烦"。比如，这次考试没有考好，你通过玩游戏逃避沮丧和低落的心情，但你的注意力是不会集中的，因为你玩罢游戏还是要去面对成绩差的事实——主要矛盾并没有解决。

兴趣爱好是一种主动行为，往往是你在心情非常好的时候想要做的事，而且是在闲暇时进行的。无论是在行为发生前、发生过程中，还是发生后，你都感到很愉悦；但它在你日常生活的其他时候又会显得比较平淡。兴趣爱好与过渡空间的概念界限并不分明，有些兴趣爱好是会发展成过渡空间的。

过渡空间是你无论心情差还是心情好，都会愿意投身其中，而且在之后，自身的心理、情绪可以得到修复。如果你心情好，就会更享受；如果你心情不好，在过渡空间里待上一阵后会逐渐恢复信心。更重要的是，过渡空间给你提供了想象力和创造力的施展之处，你会非常期待下一次。如果钓鱼是你的过渡空间，那么你在钓鱼的过程中是非常享受的，而且会有很多关于钓鱼的设想和行动。

需要注意的是，过渡空间是一种感觉，而非实物，实物只是某种媒介。比如，我在写字时用了纸和笔，是借用它们来表达某种感受，重点在于感受。而且，越容易得到、可控性越高、使用自由度越大的过渡客体，越容易承载我们的过渡空间。这也是现在手机成为大多数人的过渡空间的原因，毕竟它就是我们的"第三只手"。

正确地组合运用过渡空间，可以滋养我们的内在小孩。我们在过渡空间里获得的满足越多，就越不容易被内在小孩的恐惧所掌控，也就越不容易把这些不良的情绪投射给身边的人。

每日作业——描述你的过渡空间

你的过渡空间是什么？你在这些过渡空间中有什么感受？它们分别满足了你的内在小孩的什么需求？写下来吧。

作业展示：@小蜗

第一个过渡空间：自由书写。我很喜欢自由书写带来的感觉，畅快淋漓，无拘无束。我愿意把每次书写都作为有主题的自由书写，融合思考、想象和自由。

第二个过渡空间：冥想。虽然有时候冥想是在被动做任务，因为需要打卡，但是只要开始冥想，我就会忘记要打卡这件事，直到冥想结束。冥想能使我主动沉浸其中，而打卡属于被动完成。

第三个过渡空间：学习。我非常喜欢独自在安静的小房间里学习，常常会忘记时间的流逝，非常专注；也会为此有些自责，像是在逃避生活中的琐事。还好学习是一件积极的事情，没有被家人反对，我因此能够集中注意力，愉快地学习。

第三节
建立关系：与四种真实生命建立深度关系

没有什么比建立深度关系更能有效地照见、坦露、磨炼甚至滋养我们的内在小孩。在这个过程中，我们会经历各种各样的体验，比如前面提及的投射、反转、认同、内化、照见和纠缠等。在建立深度关系的过程中，我们将完成对内在小孩的磨炼和滋养。

一、深度关系与其他关系的区别

在深度关系中，并不只有好的体验，也会有糟糕的体验。当遇上糟糕的体验时，不要急于离开这段关系，而是要继续深入下去，通过这种体验来照见自己的内在小孩。比如，有些人因为某些原因，经历了失败的婚姻，但是他始终没能理解自己的内在小孩，即便是离婚后进入一段新的婚姻，痛苦可能依然存在。

对此，我建议大家在可承受的范围内，尽量把关系往深处走，因为只有深入理解了一段关系，才能通过这段关系理解自己的内在小孩真实的一面。

对于心理咨询师而言，如果你和治疗者一直处在某种很愉悦的状态里，没有任何波折，那么这段治疗关系其实是无效的。只有出现一些类似投射的事情，人们才会真正做出反思。你要思考这段关系的哪个部分让你感到痛苦和纠结，而你并没有放弃，这就意味着你在面对内在小孩的恐惧时没有放弃他，而是和他一起继续往前走。

二、深度关系的特点及意义

很多人以为，现在和父母的关系好了，内在小孩就会得到满足和疗愈，但事实并非如此。内在小孩想要的满足，不是现在的父母能够给予你的，而是当年的他们给予当年的你的。但现在，父母不再是当初的父母，你也已经不再是当初那个孩子。你的很多糟糕的体验、未完成的情结，是在当时的氛围下造成的，而不是现在。

因此，无论现在你和父母的关系是否融洽，都无法让内在小孩获得满足。

成长是什么？成长就是要去探索当初丢失的感觉。首先，你要知道自己的糟糕体验是什么，你被压抑的攻击性、愤怒感是什么。接着，你要回到当初内在小孩所处的状态里去，找到其他人给你当初你的父母给不了你的好的体验。当这种过程反复发生，我们不断体验到当年没能体验到的感觉，才真正完成心灵成长。这需要我们去练习，没有任何其他办法。

这里说的"练习"，是要我们"有备而战"，就是我知道前面有个坑，看着自己跳到这个坑里，也看到自己是怎么从坑里爬出来的，即觉知；下次我再碰到这个坑，我就知道应该如何躲避它，或者有时候我没法躲避，只能再次跳进坑里去，但是感觉已经不一样了，我知道如何逃出。有觉知地练习，比起没有觉知地被关系所虐，完全是两个级别的体验。有觉知的体验就是成长，没有觉知的体验是强迫性重复创伤。

我们只有让自己去到更广阔的空间，和更多的生命发生连接，在那里练习，才会使当年的内在小孩得到更多满足。我们也不要"把鸡蛋放在同一个篮子里"，要知道自己想要的只是当年缺失的感觉，而不是现在某个人非要给的感觉。

三、建立深度关系的对象

如果你在一段关系中，和某些对象，特别是与人深度纠缠时，感到非常绝望，并且出现了类似企图退缩的创伤性体验，那么你可以选择让自己回到安全地带，因为这只是一个练习。

按照内在小孩所受到的冲击力，也就是爱与伤害的体验度，我把深度关系的对象分成了四种：真实的人、看似虚拟又真实存在的人、动物和植物。

第一，真实的人。

不管和你纠缠的这个人是同性还是异性，只要你们交往的频率足够高、时间足够长，都会让你产生很多仅靠想象无法完成的体验。这些体验发生的过程，对于完善和疗愈你的内在小孩非常有帮助。我们经常说的"在关系里受到的伤害，要到关系里去疗愈"，就是这个意思。

因此，对深度纠缠的反思非常关键，即反思从关系开始到交往过程中出现的重要时刻、关键事件，这些都是内在小孩脆弱暴露的时候。比如，在发生冲突的时候、你对对方的依赖突然大幅度增加的时候等。这些痛苦的事件点正是你成长的时间点。

敢于和一个人建立深度关系，对于修复内在小孩的创伤特别有价值和意义。当然这也是有副作用的，唯一的副作用就是愧疚感。如果你和某个人在一段关系里纠缠，可能你会觉得对不起其他人，但这种愧疚感是必须承受的。

如果你觉得对于与真实的人建立深度关系这件事难以驾驭，或者你频频受伤，不愿意再继续纠缠，可以尝试第二种深度关系对象。

第二，看似虚拟又真实存在的人。

内在小孩往往需要有足够的信任感和安全感，才会想向交往对象袒露自己的某个部分，但有时候我们面对没有过多交集的陌生人，信任感和安全感甚至会高过熟人。你也许有过同样的感觉——面对朋友，你越是在意，就越想要掩饰，越怕对方知道你难堪的一面；而面对陌生人，你却愿意敞开心扉，只需注意不暴露自己的现实信息（姓名、地址等）。

比如网友。我们可能与其交往多年都未曾谋面。他们看似是虚拟的，但其实是真实存在的。

如果你有机会通过网络认识更多人，并且与适合的人建立深度关系，可能会对疗愈内在小孩非常有帮助。

其缺点可能是真实度不足。特别是对于受到过严重创伤的人来说，他们对虚拟感受的想象力可能相对比较欠缺。

第三，动物。

现在有越来越多的人选择养宠物来陪伴自己。这些人的内在小孩可能比较孤独，在一些关系里没有得到充分的满足，借和宠物建立某种关系，来满足自己未被满足的部分。而且，宠物是可控制的，几乎对我们没有要求，即便是有，也主要是生理层面的。很多低自尊的人甚至会说"只有通过饲养小动物，我才觉得自己像个人一样地活着，才是有尊严的"。

我们会无意识地把一些感受投射到自己所养的动物身上。比如，当你的心情不好时，你是怎么对待它的？当它有需要，而你正有事忙着时，你是怎么对待它的？养动物久了以后，你会发现，自己不会用成人的心态和动物交往。我们知道，有人爱动物，也有人虐待动物。喜欢虐待动物的人，内在小孩都是受过创伤的，可能他在成长早期曾受到养育者的严重虐待。

在和动物建立关系的过程中，你会反复感受到内在小孩，你的内心可能把动物当作孩子、伴侣、知己来对待，那么你的内在小孩也会把一些需要投射到它的身上。

第四，植物。

养植物的人很多，有人喜欢多肉植物，有人喜欢绿萝、吊兰之类易养、宜家的植物。

植物会让我们联想到自然：当我们看到一望无际的草原，或者爬到一座小山上俯瞰城市，或者在湖旁静看涟漪一圈圈地荡漾，内心的苦闷都会得到舒缓。

其实外在的一切都是我们内心的投射，你和植物待在一起的感受，其实是你的内在小孩借用树木花草将他的感受表达了出来。如果你有过这样的体验，请一定珍惜。我们在自然中获得的体验——比如在雨天淋雨——可能会超越我们这个物种本身发出的内在感受，会使我们和茫茫宇宙建立起某种关系。当我们思索活着的意义，把自己放到更广阔的空间里去，和包括植物在内的自然万物产生深度连接的时候，这些体验是非常微妙的。

与上述四种对象建立的关系可以相互穿插，这些都是内在小孩投射到外部、通过关系获得满足和体验的方式。我非常鼓励大家深入尝试这些方式，比如试着和动物在一起生活，这和人在一起生活的感受完全不同。

总而言之，我们要尽可能地寻找一段完整的客体关系并付诸实践，在关系里修复内在的创伤。如果有足够的动力，我们的一切创伤，在关系里都是可以被修复的。

每日作业——心灵书写与朗读练习

用心灵书写的方式，给一个人（真实或虚拟）或一只动物、一株植物写封信，在信中把内在小孩最想说的话写下来，篇幅长短无所谓，可以是几句话，也可以是一长段。然后想象他（它）就坐在你对面，把信读给他（它）听。

作业展示：@小绿

小毛你好，我有些话想对你说。谢谢你这么多年来，一直在为这个家庭付出，为它创造更好的物质条件，我看到了你的努力和负责。过去我由于任性，说话做事都没有顾及你和孩子的感受，造成长期以来家庭氛围不和谐。是孩子的叛逆，让我们重新审视自己，重新团结在一起。这几年来，我们共同努力，调整家庭氛围，想要把孩子从对网络的痴迷中拉回到他应在的轨道。我们俩都有了一些进步：你会花更多时间在家里，做可口的饭菜，负责接送孩子，更为了孩子申请加入家委会；我更多的是通过对一些课程的学习，提升自己的内在。现在的我们，情绪更平稳了，更加享受生活。我发现，孩子已经慢慢受到了我们的影响，和我们说的话多了起来，喜欢跟我们分享快乐了。当家里有了爱的流动，孩子会感受得到，他会为他真正的快乐和幸福去努力的。一起加油哦！

第四节
上帝视角：用第三只眼睛观察和记录自己

　　"用第三只眼睛观察"是指通过第三方的视角观察自己、自己的互动关系，以及关系的对象，即跳出自己去看待自己，跳出关系来看待关系。

　　我们经常会说"不识庐山真面目，只缘身在此山中"，或者"当局者迷，旁观者清"，是因为我们处在某种情绪和行为中时，常常没办法动用理智思考，也常常没办法用心去感受和观察，只能在这种情绪和行为的控制下执行某种操作。

　　但如果跳出这种情景，我们就会通过"旁观者"的视角来审视自己。这相当重要。事实上也许你也一直在这样做，比如回忆和反思。你在回顾和思考另一个"已经过去的自己"，你会发现，这样的反思有助于厘清思路和改变模式。

那么，为什么用"第三只眼睛"观察和表达如此重要呢？

首先，用"第三只眼睛"看待自己和某段关系，能够有效避免关系恶化直至追悔莫及，同时这也是很好的观察内在小孩的方法。

当面对比较大的冲突时，比如两个人在吵架，你会发现他们看似在激烈地互动，其实根本听不到对方在说些什么，你说你的，我说我的，没有任何交集。他们都完全被情绪控制住了，没有人站上第三视角，去理性地告诉他们发生了什么。

其次，精神分析流派普遍认为：潜意识越被意识到，人的痛苦就会越少。在心理治疗中，如果离开这种悬浮式的觉知，离开"第三只眼睛"，其实治疗就变成了日常交谈，对我们来说是没有什么意义的。

我们经常会为过去的事追悔莫及，是因为当时我们被某种情绪淹没了，没有本着觉知的态度看待自己。只有当这种情绪慢慢消散，理性才会回归。

当我们将这种"跳出关系看关系"的技术性方法运用到日常生活中，就会发现自己多了一些智慧和觉知，整个人仿佛变得更加聪明了，看待事情也更加敞亮了，特别是在处理某些关系时，会有种轻松感和掌控感。

最后，"第三只眼睛"的视角可以让你更重视自己。因为我们记录的是自己，跳出某段关系不是为了别的，正是为了观察自己与他人的互动，观察自己所处的情境，这本身就是一种对自己的重视。

一、如何用"第三只眼睛"观察和表达

我们可以通过以下三种方式来用"第三只眼睛"观察自己。

第一，想象。这是心理咨询中最常用的方式。看起来是两个人在交流，但我要通过想象进入对方描述的场景，并反思自己的感受，同时还要跳出这个交流氛围，看看这两个人——也就是我和他之间——发生了什么。

第二，说出来。用语言描述两个人的互动，以此激发对方的感受。

第三，写出来。用笔、纸或者键盘，把你看到的自己和关系描述出来。

二、用白描的方式记录

白描就是只记录发生的过程——眼睛看到的、耳朵听到的，少记录想法、感受、评判。有的时候，我们太过注重感受和想法，反而忽略了事情本身。换句话说，用白描的方式，单纯地记录发生的过程，能更大地激发你的感受。仅仅是看到所写的文字，或者把它读出来，你就会不自觉地生出某种感受，而不是逼问自己的感受。

我把白描分成了三种：记录自己、记录他人、记录互动。

第一种，记录自己。

在记录自己时，不要用第一人称"我"，而要用第三人称，换成你的名字"某某某"或者是"他／她"，这会让你更加客观地看待自己。而且，在记录的时候，尽量不要放过任何细节。依据我的临床经验，人的潜意识其实非常狡猾，在向他人陈述所经历的事件时，我们会非常自然又巧妙地绕开某些让自己感到不舒适的内容，只把愿意呈现的部分呈现出来。而注重细节，有助于更确切地记录内在小孩最想表达的需要，以及他的担忧和恐惧。

以下是我曾经做练习时写下的一段文字：

"冰千里拎起包冲到楼下，差点撞到一辆自行车。骑车的女孩穿着深棕色的校服，斜背着书包，她刹住车，单脚撑地，眉毛上扬，嘟囔道：'这人怎么……'下半句被疾驰而过的奥迪车淹没。冰千里连忙说：'对不起，对不起！'女孩不言语了，登上车，从冰千里的左侧掠过，响起一串叮铃铃的声音。冰千里抬起头，望见不远处的小超市招牌上黄底红字写着'魏源商店'，猜想那里一定有他要买的东西。"

在这段文字里，我没有写到任何自己的感觉或想法，但是读起它来，能感受到我当时焦虑、急切的状态。

当你跳出自己去记录自己时，还会有种畅快感，好像不可控的、不确定的那部分自己在笔下、在回忆里，变得鲜活、可控了，这会激发你内在的笃定感和踏实感。

第二种，记录他人。

在记录他人时，就好像拿着一台摄像机去拍摄他人的日常。当我们把这种方法用在亲密关系里，比如记录伴侣、父母和孩子，将会得到非常多的启发。

记录完成以后，无论过了多久，当你再次拿出来看时，会有一种在看新鲜故事的感觉。你是这个故事的"作者"，但每次拿出来看，你都会有新的感受。

比如，我们曾有一位学员，一直在为她青春期的孩子犯愁。她通过"记录他人"的方式，看见了"别人"陈某某，而不是"儿子"陈某某，发现陈某某也在为自己的生活迷茫着、忙碌着、奋斗着。她看到了这个人本身，而不是看到了她眼中的这个人。

第三种，记录互动。

相对来说，记录关系里的互动会稍微难一点，但是效果更好，因为这种方式不再是单纯地记录某个人的行为，而是记录两个人甚至多个人的行为互动。

比如，我们和他人有过一次争吵，回过头去思考的时候，我们会发现这种思考非常碎片，并不完整，因为我们在潜意识里会跳过让自己难受的部分，逃避回忆其中的细节，试图跃往下一个片段。但你在记录的时候，是一定要经过连贯思考的，否则无从下笔。

记录与某个人的互动，会让你对彼此的关系有一个完整的认识。如果你长期记录这种关系，有一天会突然看清自己在这段关系里的位置，就会有一种豁然开朗的感觉。

以下是我的一位学员做练习时记录的互动：

"爸爸妈妈去外地打工，小 A 住在姥姥家，姥姥的身体不好，经常在床上躺着，小 A 就去邻居家、同学家蹭饭。有一天，邻居家的哥哥向小 A 扔过来一块骨头，说：'吃吧吃吧，你就像我们家养的一条小狗，吃完赶紧走吧。'小 A 大哭了一场，从此再也没有去过他们家。从那时候开始，小 A 常常去村口的老榆树下等着爸爸妈妈回来，一等就是几个钟头，可总也等不到他们。"

这位学员在描述这段互动时，一定被激发出了很多内在的感受。

当你记录下某些互动后，最好再把它读出来，这会加深你的情绪体验。

每日作业——记录自己，记录他人，记录互动

用十分钟时间，记录最近在你身上发生的事、他人身上发生的事，或者一段互动，尽量不要记录自己的想法、感受或评判，注意记录事情发生过程中的细节。

可以参考以下例子：小美拿着手机躺在床上，左腿蜷曲，右腿搭在白色枕头上，脚趾能碰到一个褐色的毛毛熊。那只毛毛熊是去年冬天妈妈去北京时给她买的。碎花的窗帘拉得很严实，下面是梧桐木做的床头，波浪形的纹理，小美不喜欢这种纹理，这会让她想起前天失去的一条红色锦鲤。台灯也坏了，耷拉着脑袋。一阵风吹进来，她的脚觉得有些凉。

作业展示：@小 So

丹丹坐在梳妆台前，看着镜子里的自己，头发被随意地扎了起来，左右两边散落一些碎发，阳光穿过玻璃照在头发上，越发看得出头发被染成栗棕色。今天她穿了件蓝白相间的横格条纹外套，能够清楚地看到领子和

衣服拼接处的线头。她的双手触碰着桌上的黑色键盘，敲出一行行黑色的楷体字。不时地，她的头一会儿向左歪，一会儿向右倒，为了方便看清电脑屏幕。右手轻触着鼠标，左手随意地搭在印着企鹅图案的黑色裤子上。双脚穿着拖鞋，用脚尖抵着拖鞋，翘起后脚跟。她低下头时，正好看到了木纹色的地板。

第五节
放空自己：允许自己什么都不做

允许自己什么都不做，其实是一种高级别的状态。它的重点在于"允许"，而不是"什么都不做"。

在生活中，我们没法做到让每个人满意，甚至没法做到让自己满意，如果我们能够接受自己会犯许许多多的错误，也有这样那样的失误，就能接受自己什么都不做。

我认为人类发展到今天，演变出来的最大共同点就是要通过不断做事情来证明自己的存在感、价值感、成就感。我们的内在小孩原本的需要非常原始、非常简单，只是人类越发展，越将其复杂化了。

曾经最基础的需求，比如衣食住行，到现在每个环节都已经发展成了庞大的产业，错综复杂，琳琅满目。那些不能满足的欲望，让我们的内心充满各种冲突和痛苦。

我们的欲望越来越强，苦恼也越来越多，也就更不允许自己闲下来。但我们可以试着放松下来，不必非要按照计划去生活，允许自己的生活"按下暂停键"，无论是一天、一周，还是一年，什么都不做，也不要对此有任何感受，不要强迫自己总结心得。

一、"什么都不做"的三种状态

很多时候，喜欢思考人生意义的人，经常会思考两个矛盾的问题：第一，如果一个人"什么都不做"，那如何证明自己的存在？第二，为什么要通过做什么来证明自己的存在？我们本来就存在呀。

一个人在不同的环境和情境下，在不同的生命阶段，会有不同的思考。比如身心疲惫的时候，会思考第二个问题；特别想要被他人、环境、集体认可的时候，就会思考第一个问题。

"什么都不做"与人所处的环境、状态有很大关系，从所处的环境、状态来看，大致可以分为三种。

第一种状态，我们不知道外面的世界有多大，只知道这样做是合理的。在农村等一些偏僻的地方，人们安守在乡野，日出而作，日落而息；但是见过更大世界的人，要想回到这种"什么都不做"的状态，是非常困难的。

第二种状态，我们阅遍了人世间的繁华，经历了人世间的苦痛，再次回到儿时的小山村，什么都不做，只是晒晒太阳。我相信现在大多数人正走在去往这一种状态的路上，即什么都想得到、什么都好奇，对整个外部世界以及自己的内心世界都有非常强烈的探索欲望。当有一天我们真正探索到了，内在小孩被疗愈了，就会过上相对自在的生活，回到第一种状态。

这两种状态给人的感觉是不一样的。我更崇尚第二种，即先去竞争，去经历纠缠和苦痛，去丰富自己的经验和阅历，最后回归到什么都不做的状态，而不是把小山村当成整个世界。

这两种状态的区别在于：只有真正拥有了某些东西以后，你的放下才是真正的放下。

第三种状态，我们什么都不想做，也没有什么理由。你不需要对这个世界做出什么反应，也不需要对别人有所反馈。在追逐着前行的人生路上，我们一定会有感到非常无力、无奈甚至抑郁的阶段，这时候你完全可以告诉身边的人，或者在内心发出坚定的声音：谁都别来烦我，就让我静静地什么都不做，什么都不想！

我们总是会在休整一段时间后，再次背上行囊走向远方，再次去探索自己的内心世界。我们对于内在的好奇是无法真正停歇的，于是暂时的"停下来"就显得特别珍贵，成为心灵成长的一个重要阶段。

"什么都不做"并不是要我们刻意地什么都不做，而是确实什么都不想做，没有什么理由，甚至包括以前感兴趣的事或者珍视的过渡空间。

"什么都不做"还包括我们沉迷于一件在社会评判体系下被认为毫无意义的事。一些人——包括我在内——在某个时期就是会无休止地做一件事情，比如追剧，可能除了最基本的生活需要外，我们会把其余精力完全投注到追剧这件事上。我们并不是刻意投入精力，也不认为自己是在刻意浪费，而是愿意这样做。就好像给世界"按下了暂停键"，仿佛时间和空间都不存在了，我们只是处于跟随世界或者不跟随世界的某种状态。

二、分离与放手

人的一生，是一个不断放手的过程。

在放手的过程中，人会有一些什么都不想做的感觉。从前半生不停地追逐和获得，到后半生慢慢学会对很多外在的、内心的东西放手，每个人都会经历这样的过程。我们越早放手，就越能让自己进入"什么都不做"的状态，随着时间的流逝，我们会活得更加坦然。比如，对于童年的很多经历，其实我们是在慢慢地离它们远去；对父母的一些内化的感觉（依赖感等），我们也是在一点点地放手。

面对任何分离，我们都要充分表达自己的任何情绪，表达得越彻底，分离得就越清晰，就更容易走向下一个阶段。很多内在小孩的痛苦，来自在面对分离时没有充分地做出表达。

比如，在成长早期，重要的亲人离去、同学毕业等等，当时我们可能用某种看似坚强的态度抵御过去了，但其实悲伤、难过或是愤怒的情绪都没有充分表达出来，它们积累在内心深处，在将来的某一天会以同样的方式，再次让我们陷入困境。

我们不断和自己灵魂之外的任何事物结束关系，分离、放下，其实是灵魂开始真正显露的过程，也是内在小孩逐渐成长的过程。

我把什么都不做、放下很多东西称为"生命的留白"。如果生命的开始只是一张白纸，可能在中年以前，我们会花费大量的精力全身心投入，用各种色彩和线条把这张纸填满，使其绚丽多彩，没有一丝缝隙；而在中年以后，我们会慢慢开始给这张纸留白，擦掉一些东西，分离一些角色，放弃一些念头，慢慢让这张纸恢复到它原来纯净的样子，只剩下某个区域的几个点，这就是生命的留白。

最后，直到死亡把我们带走，我们漫长的一生也变成了苍茫宇宙中一段微不足道的留白。

每日作业——试着允许自己什么都不做,而非强迫自己什么都不做